Python 气象数据处理与绘图基础

王　伟　封彩云　余　莲　华　维　等　编著

科　学　出　版　社

北　京

内容简介

本书以气象数据处理等相关问题的分析过程为引导，以 Python 作为实现工具，介绍了程序设计的基础知识和数据处理及绘图相关的基本编程技术。全书详细介绍了程序设计概述、Python 的发展历程和前景、Python 的安装步骤、变量和数据类型、顺序结构的设计、选择结构的设计、循环结构的设计、函数与数组、文件、绘图基础等。

本书适合大气科学的本科生及研究生学习使用，也可为科研业务人员提供一定的参考。

图书在版编目(CIP)数据

Python 气象数据处理与绘图基础 / 王伟等编著. —北京：科学出版社，2021.5（2024.6 重印）

ISBN 978-7-03-067324-4

Ⅰ.①P… Ⅱ.①王… Ⅲ.①软件工具-程序设计-应用-气象数据-数据处理②软件工具-程序设计-应用-天气图-计算机制图 Ⅳ.①P416-39②P459-39

中国版本图书馆 CIP 数据核字（2020）第 254063 号

责任编辑：叶苏苏/ 责任校对：彭 映

责任印制：罗 科 / 封面设计：墨创文化

科学出版社出版

北京东黄城根北街16号

邮政编码：100717

http://www.sciencep.com

成都锦瑞印刷有限责任公司 印刷

科学出版社发行 各地新华书店经销

*

2021 年 5 月第 一 版 开本：B5（720×1000）

2024 年 6 月第五次印刷 印张：10 1/4

字数：212 000

定价：59.00 元

（如有印装质量问题，我社负责调换）

前　言

Python 是一种面向对象的解释型计算机程序设计语言，其具有简单、交互式、语法清晰等基本特点。近些年，Python 在各种领域的应用热度一直居高不下，是国际上非常流行的一种计算机语言。Python 能够处理的问题也是多样的，包括系统运维、图形处理、数字处理、文本处理、数据库编程、网络编程、Web 编程、多媒体应用、机器学习、人工智能等。即使是非技术开发人员，学会 Python 也将极大地提升日常的工作效率。

Python 具有丰富强大的第三方库，能够把用其他语言(NCL、Fortran、C/C++等)制作的各种模块很轻松地联结在一起，这在很大程度上缩减了编程时间。Python 库包括基本的标准库，除此之外几乎所有行业领域都有相应的 Python 软件库。随着 NumPy、Pandas、Matplotlib 和 SciPy 等众多 Python 应用程序库的开发，Python 在科学和工程领域的地位日益重要，其在数据处理、科学计算、数学建模、数据挖掘和数据可视化方面的优异性能使 Python 在地球科学中地理、气象、气候变化等领域的学术研究和工程项目中得到广泛应用，并与目前潮流大数据、人工智能(AI)紧密联系，可以预见未来 Python 将会成为科学和工程领域的主流程序设计语言。

Python 是一门动态语言，其语法简洁、功能强大、容易学习、上手快，是一个很好用的工具。使用 Python 可以摆脱编程语言的苦恼，用户可快速地完成逻辑构思，体会到编程的乐趣。本书是学习 Python 编程的入门书籍，目标是让读者快速掌握 Python 语言基础并将其应用于气象数据处理及绘图。因此，无论是 Python 的初学者，还是希望利用 Python 进行初步的气象科学研究的研究者，本书都是一本不错的入门书籍。本书每一章均配有相应的习题，可作为高等学校程序设计、数据处理及基础绘图课程的教材，也可供从事科学计算和科研人员参考。

本书由王伟、封彩云、余莲、华维和樊浩共同编写。本书的顺利出版得到了以下项目的大力支持：成都信息工程大学系列教育教学改革项目，2019～2021 年学校第一、二阶段本科教学工程项目(BKJX2020057；BKJX2019089；BKJX2019056；BKJX2019007；BKJX2019013)和 2018～2020 年学校第一阶段教育教学研究与改革项目(JY2018085；JY2018012)、国家自然科学基金(91537214)、国家重点研发计划

(2018YFC1505702)、国家科技专项(2019QZKK010401)、公益性行业(气象)重大专项(GYHY201506001)、四川省科技计划项目(2019YJ0362)。

由于作者水平有限，书中难免存在疏漏或不妥之处，敬请广大读者批评指正。

编者

2021年2月

目　录

第 1 章　程序设计概述 1
1.1　程序设计的基础 1
1.1.1　程序设计的概念 1
1.1.2　算法及流程图 2
1.1.3　程序设计的方法 3
1.2　Python 语言 4
1.2.1　Python 的诞生及发展 4
1.2.2　为什么选择 Python 5
1.3　Python 的安装调试 5
1.4　习题 7
第 2 章　数据描述 8
2.1　数据类型 8
2.1.1　数值类型 8
2.1.2　字符串 11
2.1.3　逻辑值 14
2.1.4　空值类型(None Type) 15
2.2　变量及引用 15
2.2.1　命名数据 15
2.2.2　名字和变量 16
2.2.3　赋值语句 16
2.3　表达式 16
2.3.1　算术表达式 16
2.3.2　关系表达式 17
2.3.3　逻辑表达式 17
2.4　Python 的输入和输出 18
2.4.1　输入 18
2.4.2　输出 19
2.5　习题 21

第 3 章　结构程序设计 22
3.1　顺序结构设计 22
3.2　选择结构设计 23
3.2.1　if 结构 23
3.2.2　单分支块 if 结构 24
3.2.3　双分支块 if 结构 25
3.2.4　多分支块 if 结构 25
3.2.5　if-else 结构的简写 29
3.3　循环结构设计 30
3.3.1　用 for 语句实现循环 31
3.3.2　用 while 语句实现循环 33
3.3.3　循环流程控制语句 34
3.3.4　无限循环 37
3.4　嵌套结构设计 39
3.4.1　选择嵌套 40
3.4.2　循环嵌套 41
3.4.3　混合嵌套 43
3.5　习题 44
第 4 章　函数与数组 45
4.1　内置结构 45
4.1.1　序列 45
4.1.2　列表和元组 46
4.1.3　Python 函数 range() 51
4.1.4　字典 52
4.1.5　集合 54
4.2　函数 55
4.2.1　内置函数 55
4.2.2　自定义函数 56
4.2.3　自定义函数的调用和参数传递 57
4.2.4　递归函数 58
4.2.5　变量的作用域 59
4.2.6　模块 60
4.3　NumPy 62
4.3.1　NumPy 的调试及 *N* 维数组对象 ndarray 62
4.3.2　NumPy 的数据类型 63

4.3.3 数组的创建 65
4.3.4 数组索引和切片 68
4.3.5 数组查询及操作 70
4.3.6 数组的计算 75
4.3.7 数组内部的操作 77
4.3.8 NumPy 的读写 81
4.3.9 其他函数 85
4.4 习题 85
第 5 章 文件 87
5.1 文件的打开与关闭 87
5.1.1 open() 函数 87
5.1.2 file 对象的属性 89
5.1.3 close() 方法 91
5.2 文件的读写 92
5.2.1 read() 方法 92
5.2.2 write() 方法 94
5.2.3 字符编码 95
5.3 操作文件和目录 96
5.3.1 os 模块 96
5.3.2 环境变量 98
5.3.3 操作文件和目录 98
5.4 各类气象数据文件 100
5.4.1 有格式文件 100
5.4.2 二进制文件 103
5.4.3 自带数据描述的文件(nc) 105
5.4.4 HDF 数据 110
5.4.5 雷达数据 114
5.4.6 GRIB 数据 115
5.5 习题 116
第 6 章 绘图基础 117
6.1 查看和调用 117
6.2 基本绘图函数 117
6.3 基本图形绘制 120
6.4 图像的处理 139
6.5 习题 141

附录一　Python 内置函数 143
附录二　常用文件的读取函数 146
附录三　气象常用数据处理函数 147
附录四　气象常用的绘图函数 150
附录五　参考资源 154

第 1 章　程序设计概述

当前社会，从大型计算服务器到台式机、笔记本电脑，再到各种智能移动设备，计算机涉及我们的生活方方面面。在此基础上的软件开发，正改变着我们的衣食住行(如购物、餐饮、商旅出行等)和学习工作的方式(思想的传递、电子图书、智能机器人等)，而大气和海洋科学面对着庞大资料及对资料处理所涉及的大量数学计算，其背后都隐藏着程序的影子。本章将介绍程序设计的概念、为什么选择Python、Python 的发展历史及 Python 的安装调试。

1.1　程序设计的基础

在学习程序语言之前，需要了解程序设计的一些基础知识，包括程序设计、算法的概念，算法的描述及程序设计的方法。

1.1.1　程序设计的概念

程序是对解决某个实际问题所采取的一系列方法和步骤的描述，从计算机的角度而言，程序是使用某种计算机能够理解并执行的语言来描述解决问题的方法和步骤。程序是人和计算机对话的语言，人通过程序下命令，由计算机完成命令，计算机再以文字、图像、声音、动画等形式向人反馈所执行命令的结果，如起床闹铃、照片美化、气象上的数值模式等。一个程序基本由两部分组成：一是描述问题中每个对象和对象之间的关系；二是描述对这些对象进行处理的规则。前者即数据结构的内容，后者则是问题求解的算法。

算法+数据结构=程序　　　　(瑞士，尼克劳斯·沃斯教授)

程序设计反映的是利用计算机解决问题的全过程。程序仅是其中的一方面，还包括问题的分析、数学模型的建立、数据的组织方式、算法、语言的选择、程序的编译调试运行、分析产生的预期结果。

算法是对数据运算过程的描述，数据结构是指数据的组织存储方式。程序设计的实质是针对待解决的实际问题选择一种好的数据结构，并设计一个好的算法。

而好的算法在很大程度上取决于描述问题的数据结构。

1.1.2 算法及流程图

1. 算法的概念

算法是指解决问题的方法和步骤。如果用计算机解决数值计算，那么科学计算中的数值积分、线性方程组求解等数学问题的计算方法就是数值计算的算法；计算机用于文字处理、图形图像处理等非数学问题，排序、分类、查找的方法就是非数值计算的算法。

例 1-1 输入 10 个数，要求找出其中的最大数。

(1) 输入一个数，将其存放在变量 max 中；

(2) 用 i 来统计比较的次数，其初值设为 1；

(3) 若 $i \leq 9$，执行第(4)步，否则执行第(8)步；

(4) 输入一个数，放在 x 中；

(5) 比较 max 和 x 中的数，若 x>max，则将 x 的值赋给 max，否则，max 的值不变；

(6) i 值增加 1；

(7) 放回到第(3)步；

(8) 输出 max 中的数，此时 max 中的数就是 10 个数中的最大数。

由例 1-1 可以看出，算法是解决问题的方法和步骤的精确描述，它是由一系列基本操作组成的。因此，研究算法的目的就是研究怎样把问题的求解过程分解为一些基本的操作。算法设计好后，要注意检查其正确性和完整性，再用某种高级语言编写相应的程序。

算法具有 5 个特性：有穷性，算法中执行的步骤总是有限次数的，不能无止境地执行下去；确定性，算法中的每一步操作必须具有确切的含义，不能有二义性；有效性，每步操作必须是可执行的；要有数据的输入；要有结果的输出，否则没有实际意义。

程序除满足 5 个特性外，还有一个质量问题要考虑。设计高质量算法是设计高质量程序的基本前提。目前，评价算法质量有 4 个基本标准：正确性、可读性、通用性和高效率。而算法的效率可从时间和空间两方面进行度量。

2. 流程图

算法的描述除例 1-1 中采用的自然语言外，还有其他的描述工具：流程图、N-S 图和伪代码等。

流程图也称为框图，它是使用一些集合框图、流程线和文字说明来表示各种类型的操作。一般用矩形框表示进行某种处理，用平行四边形框表示输入、输出，用菱形框表示判断，用带箭头的流程线表示操作的先后顺序。

例 1-2　用流程图来描述例 1-1(图 1-1)。

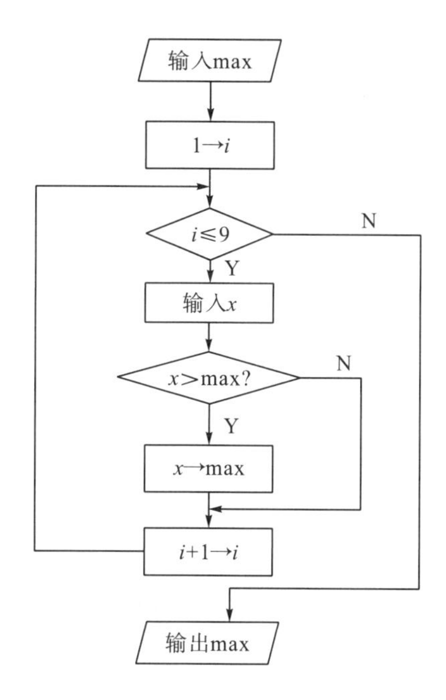

图 1-1　流程图示例

1.1.3　程序设计的方法

随着计算机技术的快速发展，对程序设计方法的研究也在不断深入。当前，良好的结构是程序的第一要求，即结构清晰、易于阅读和理解、便于验证。因此，结构化程序设计应运而生，通过在实践中不断地发展和完善，其已成为软件开发的重要方法。用这种方法设计的程序，结构清晰、易于阅读和理解、便于调试和维护。

结构化程序设计采用自顶向下、逐步求精和模块化的分析方法，从而可有效地将复杂的程序分解成许多易于控制和处理的子程序，便于开发和维护。

随着计算机性能的提升和用户图形界面的推广，应用软件的规模持续高速增长，于是面向对象的程序设计方法在软件开发领域引起了一场大的变革。

面向对象的程序设计以对象作为程序的主体。对象是数据和操作的“封装体”，封装在对象内的程序通过消息来驱动运行，对象的实现和使用是独立的。在用户界面上，消息可通过键盘或鼠标的某种操作来传递。面向对象的程序设计可用类、对象的概念直接对客观世界进行模拟，客观世界中存在的事物、事物所具有的属性、事物间的联系均可以在面向对象的程序设计语言中找到相应的实现机制。它符合人们认识事物的规律，使人机交互更加贴近自然语言。

1.2 Python 语言

1.2.1 Python 的诞生及发展

Python 译为“蟒蛇”，其创立者为 Guido van Rassum(图 1-2)。目前，Python 语言的拥有者是 Python Software Foundation(PSF)，PSF 是非营利组织，致力于保护 Python 语言的开放、开源和发展。

(a) (b)

图 1-2 Guido van Rossum(a)和 Python 图标(b)

Guido 希望有一种语言，这种语言既能够像 C 语言那样，可以全面调用计算机的功能接口，又可以像 Shell 那样，能够轻松地编程。ABC 语言让 Guido 看到了希望。1989 年，为了打发圣诞节假期，Guido 开始写 Python 语言的编译/解释器。Python 来自 Guido 所挚爱的电视剧 Monty Python's Flying Circus。他希望这种新的叫作 Python 的语言，能实现他的理念(一种同时具备 C 和 Shell 的优势，且功能全面、易学易用、可拓展的语言)。

1991 年，第一个 Python 编译器(同时也是解释器)诞生。它是用 C 语言实现的，并能够调用 C 语言的库(.so 文件)。从一出生，Python 已经具有了类(class)、函数(function)、异常处理(exception)，并包括表(list)和词典(dictionary)在内的核心数据类型及以模块(module)为基础的拓展系统。

Python 从一开始就特别在意可拓展性(extensibility)。Python 可以在多个层次上拓展。在高层，可以引入.py 文件。在底层，可以引用 C 语言的库。Python 程序员可以快速地使用 Python 写.py 文件并以此作为拓展模块。Python 就好像是使用钢构建房一样，先规定好大的框架，而程序员可以在此框架下相当自由地拓展或更改，这一特征吸引了广大的程序员。随后的近 30 年，Windows 的发展和 Internet 的流行，使计算机快速深入我们的生活和工作，因而 Python 也获得了更加高速的发展。

到今天，Python 的框架已经确立。Python 语言以对象为核心组织代码(everything is object)，支持多种编程范式(multi-paradigm)，采用动态类型(dynamic typing)自动进行内存回收(garbage collection)。Python 支持解释运行(interpret)，并能调用 C 语言的库进行拓展。Python 有强大的标准库 (battery included)。由于标准库的体系已经稳定，所以 Python 的生态系统开始拓展到第三方包。这些包如 Django、web.py、wxpython、NumPy、Matplotlib、PIL，这将 Python 升级成了物种丰富的热带雨林。

Python 崇尚优美、清晰、简单，是一种优秀并广泛使用的语言。2008 年，Python 进入 3.0 时代，当前，Python3.x 系类已经成为主流。与此同时，Python 的性能依然值得改进，它仍然是一个发展中的语言，期待看到 Python 的未来。

1.2.2　为什么选择 Python

当前，计算机高级语言有很多种，可将其分为两类：编译型语言(静态语言)如 C、C++、Fortran、Python 等；解释型语言(脚本语言)如 BASIC、PHP、Python 等。Python 是解释编译型语言，其具有如下几方面的特点：通用语言、脚本语言、开源语言、跨平台语言、多模型语言，是目前最流行的十大计算机语言之一，且排名在不断上升；Python 的语法简洁，极大地提高了生产效率；其代码的可读性高；软件开源，其传播和分享度很高；可应用领域很广(科学计算、大数据、人工智能、大型网站、图像多媒体、系统文件等)。随着 Python 的快速发展，其在大气和海洋的科学研究领域中的应用也越来越广泛。

1.3　Python 的安装调试

运行 Python 程序需要相应编译/解释系统的支持。Python 在 Windows、Linux、

Mac OS 操作平台下均可安装运行。读者可在 Python 的官方网站获取不同操作系统下的安装包。在 Windows 系统平台下安装 Python 的方式和其他 Windows 程序的安装类似，依照安装向导的提示进行即可。

Python 的编译环境有很多，如 Python 自带的集成开发环境 Shell-IDLE、由 JetBrains 公司打造的一款集成开发环境 PyCharm、针对科学计算设计的多合一安装包 Anaconda 等。Anaconda 是一款开源免费的多合一安装包，支持近千个第三方库，其中包含多个主流工具(如 Orange)，适合数据计算领域的开发应用。

Anaconda 可以称为 Python 的神器，它使得各种基础库的安装、Windows 下环境变量的设置都变得极其简单。到 Anaconda 的首页 https://www.anaconda.com，依据操作平台下载 Anaconda 安装包。Windows 平台下 Anaconda 的安装和其他程序的安装过程类似，根据安装向导提示进行安装即可。

Anaconda 包括 conda、Python 及一批第三方库，可通过 conda 这个管理工具进行安装、更新、版本查询等操作。例如，在 Windows 平台下，在 cmd 中执行 conda version 可获取 conda 版本信息；执行 conda update conda 可升级 conda 的版本；pip install、conda install 命令可以快速地在命令窗口进行库的安装；也可通过 Anaconda Navigator 进行相应的操作。其中编程工具为 Spyder 及其包含的交互式编程环境：IPython 可在随后的学习使用中不断了解(图 1-3)。

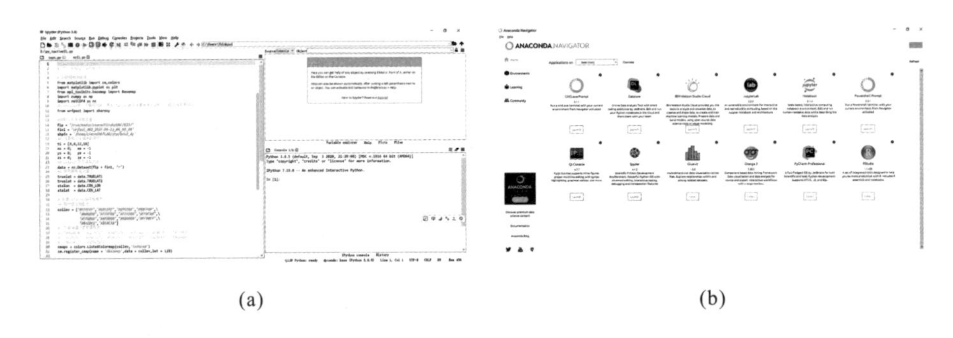

(a) (b)

图 1-3 Anaconda 界面下的 Spyder(a)和 Navigator(b)操作窗口示意图

1. Python 的命令运行

在 Windows 系统下，打开 cmd.exe，在命令行输入：

```
>python
```

将直接进入 python。然后在命令行提示符>>>后面输入：

```
>>>print('Hello World!')
```

可以看到，在屏幕上输出：

```
Hello World!
```

其中，print()是一个常用函数，其功能就是输出括号中的字符串。

2. 脚本(test.py)运行“Hello World!”

用文本编辑器写一个以.py 结尾的文件，如 test.py。在 test.py 中写入如下内容，并保存：

```
print('Hello World!')
```

退出文本编辑器，然后在命令行输入：

```
>python test.py
```

运行 test.py，可以看到 Python 随后输出：

```
Hello World!
```

3. 使用编程工具：Spyder

打开 Spyder，在菜单 file 中选择 New file，创建一个新的 Python 脚本。在编辑区输入：print("Hello World!")，保存后点击菜单 Run 中的 run 或按下键盘上的 F5 键，就会在 IPython 窗口输出“Hello World!”。

1.4　习　　题

1. 什么是算法？它有何特征？
2. 求 M 个数的平均值。
3. 编写一个简单的程序，使其输出“Hi, Python”。

第2章　数　据　描　述

数据是程序加工处理的对象，而操作则反映了对数据的处理方法。程序中的数据涉及数据的类型、各类型运算对象的表示方法及运算规则。程序设计语言不允许存在语法的歧义，因此，需要明确说明数据的含义，这就是类型的作用。“类型”是编程语言对数据的一种划分。

Python 是动态类型化的，这意味着变量具有在赋值时动态设置类型的功能。因为赋值可发生在程序期间的任何时候，这意味着您可在不变更变量名的前提下改变变量的类型。此外 Python 是区分大小写的。例 2-1 给出了几种数据类型的应用。

例 2-1　数据类型的介绍。

a=2.5	
print(a,type(a))	#type(*x*)函数可用于查看 *x* 的类型
b=3	
print(b,type(b))	2.5<class'float'>
a='sst data'	3<class'int'>
print(a,type(a))	sst data<class'str'>
A=4+5.6j	(4+5.6j)<class'complex'>
print(A,type(A))	

科学计算中，通常需要对数据进行类型的设定，Python 和其他编程语言一样，也提供了基本的数据类型及一些变量类型。基本的数据类型包括数值、逻辑值、字符串三类，其中数值包括整数、浮点数、复数三种情况。这些数据类型由 Python 系统提供，故也称为基本数据类型、内部数据类型或标准数据类型。此外 Python 还提供了列表、元组等数据结构，这将在后续章节中进行介绍。

2.1　数　据　类　型

2.1.1　数值类型

Python 中的数值类型对数字的表示和使用进行了定义和规范，分为 整数类型、浮点数类型、复数类型和更多的数学函数。

1. 整数类型

该类型和数学中的整数概念一致，类型说明符为 integer(int)，其最大的特点是不限制大小(可通过 pow()函数来加深理解)，无论多复杂的算式都可以直接得到结果。

常见的运算有加法、减法、乘法、除法、整数除法、求余数、求整数除法和余数、乘方、绝对值、次方等；对应的运算符为：+、−、*、/、//、%、divmod()、**、abs()、pow()等。

此外，还可以进行整数大小的比较，返回结果为逻辑值。相应的比较运算符有：相等比较(==)，大于比较(>)、小于比较(<)、大于等于比较(>=)、小于等于比较(<=)、不等于比较(!=)等。注意：Python 可以进行连续比较，这点与 Fortran 有明显的区别。

整数还有不同进制的性质。进制是指我们用多少个不同的符号来表示数。常用的十进制(decimal)使用 0～9 共十个不同的符号表示数，遵循逢十进一的规则。

Python 语言中可直接用二进制(binary)、八进制(octal)和十六进制(hexa-decimal)来表示整数，但需要加一个前缀用以标识是几进制，见表 2-1。

表 2-1 Python 中的整数类型

进制	表示	举例
十进制(decimal)	无前缀数字	367
二进制(binary)	0b 或 0B 前缀	0b101101111
八进制(octal)	0o 或 0O 前缀	0o557
十六进制(hexa-decimal)	0x 或 0X 前缀	0x16f

2. 浮点数类型

该类型是指带有小数点及小数的数字，类型说明符为 float，可进行与整数相同的操作。在 Python 中对浮点数的数值范围存在限制，小数精度也存在限制，且该限制在不同的计算机系统会有所不同。在 Windows 系统下，浮点数受到 17 位有效数字的限制。该类型可采用科学计数法表示，进制转换过程会导致精度误差。

例 2-2 浮点数类型举例。

代码	输出
B=5.2+6.3 print(B)	11.5

print(355/113)	3.1415929203539825
print(3.1415926535897932384626)	3.141592653589793
print(1234567890234567867899.0)	1.2345678902345678e+21
print(4.2+2.1==6.3)	False
print(4.2+2.1)	6.300000000000001

3. 复数类型

Python 内置了复数数据类型，该类型和数学中的复数概念一致。虚部标识符用 j 或 J 表示($x = a + bj$，a 为实部，b 为虚部，a 和 b 都是浮点数类型)。复数可进行加、减、乘、除、乘方、取实部、取虚部等运算，也可进行是否相等的比较。

例 2-3　复数举例及应用：求平面上两个点(x_1, y_1)和(x_2, y_2)的距离。

A=1+2j	
B=2+3j	
print(A,B)	(1+2j)(2+3j)
print(A+B)	(3+5j)
print(A-B)	(-1-1j)
print(A*B)	(-4+7j)
print(A/B)	(0.6153846153846154+0.07692307692307691j)
print(A**2)	(-3+4j)
print(A.imag)	2.0
print(A.real)	1.0
print(A==B)	False
c=abs(A-B)	
print(c)	1.4142135623730951

上述三种类型存在优先级(或称为逐渐“扩展”关系)：整数→浮点数→复数。在三者的混合运算中遵循由低级向高级转换(或称为“扩展”)的过程。三种类型可通过相应函数进行相互转换：int()、float()和 complex()。

4. 数学函数及模块

(1) 数学常数：圆周率 π(math.pi)、自然对数的底 e(math.e) 等。

(2) 数学函数——math 模块：只能用于计算整数和浮点数，包括三角函数、对数、最大公约数、最小公倍数等，可在命令操作窗口通过 import math 导入，键入 dir(math) 查看模块中所包含的工具。

(3) 复数计算——cmath 模块。例如，平面直角坐标和极坐标的转换。

(4) 随机数库——random，其包含多种函数：seed()、random()、uniform()、randint()、randrange() 等。

例 2-4 cmath 和 random 库的操作举例。

```
>>>import cmath
>>>cmath.polar(1+2j)
(2.23606797749979,1.1071487177940904)
>>>cmath.rect(1,cmath.pi/2)
(6.123233995736766e-17+1j)
```

```
>>>from random import*
>>>random()
0.9363599407259653
>>>uniform(1,10)
5.246987590237088
>>>randint(1,10)
1
>>>randint(1,10)
9
>>>randrange(0,10,2)
8
>>>
```

2.1.2 字符串

1. 文本的表示

字符串就是把一系列文字的字符“串起来”的数据。文字字符包括拉丁字母、数字、标点符号、特殊符号及各种语言文字字符。

用成对的双引号或单引号界定字符串，多行字符串用成对的三个连续的单引号界定(在脚本中用于成段注释)。字符串可以保存在变量中，也可以单独存在。

特殊字符要用 Python 转义符\，如\n 表示换行、\r 表示回车、\f 表示换页、\v 表示纵向制表符、\t 表示横向制表符等。

字符串是一个字符序列，是其字符的编码，从零开始，第一个字符的编号是 0，第二字符的编号是 1，以此类推。反向编码也成立，即最后一个字符的编号是-1，倒数第二个的编号是-2，以此类推。这样便于对字符串进行查询、抽取等操作。

2. 字符串与名字的区别

字符串是数据本身，名字是数据的标签。名字和字符串是“名”与“值”之间的对应关系。同一个字符串数值可以关联多个名字，但一个名字在某一时刻只能关联一个字符串数值。字符串数值只能是字符串类型，名字则可以关联任意类型的数值。

例 2-5 字符串的性质。

```
>>>station=stad='chengdu'      #'chengdu'关联了两个名字
>>>stid=56187                  #stid 是名字，关联了整数
>>>station
'chengdu'
>>>stad
'chengdu'
>>>stid
56187
>>>type(stid)
<class'int'>
>>>type(stad)
<class'str'>
```

3. 常见的字符串操作

序列(sequence)是指能够按照整数顺序排列的数据。序列的内部结构有以下几个特点：可以通过从 0 开始的连续整数来索引单个对象；可以执行切片获取序列的一部分；可以通过 len()获取序列的长度；可以用加法(+)来连接获得更长的序列；可以用乘法(*)来重复多次获得更长的序列；可以用 in 来判断某个元素是否存在于序列中。

字符串是一种序列，所以可以进行上述操作：获取字符串长度的函数 len()、

字符串切片操作函数 str[start:end:step]、字符串的加法(+，将两个字符串进行连接并得到新的字符串)和乘法(*，将字符串重复若干次生成新的字符串)、逻辑运算相等(==)和包含(in)、删除空格(str.strip，去除字符串前后所有的空格，内部空格不受影响；str.lstrip；str.rstrip)；判断字母或数字(isalpha、isdigit、isalnum 等)。大多数的数据类型都可以通过 str()函数转换成字符串。

例 2-6 常见的字符串操作。

```
>>>a='abc'
>>>a[2]
'c'
>>>a[0:1]
'a'
>>>a[0:2]
'ab'
>>>len(a)
3
>>>a+'123'
'abc123'
>>>a*3
'abcabcabc'
>>>'c'in a
True
>>>'5'in a
False
>>>print(type(str(5)))
<class'str'>
```

4. 字符串的高级操作

高级操作包括：分割、合并、大小写转换、排版左中右对齐、替换子串、字符串的迭代、\n 换行等。

例 2-7 字符串的高级操作。

```
>>>"You are very good".split('')
['You','are','very','good']
>>>'_'.join(['You','are','very','good'])
'You_are_very_good'
```

```
>>>'abc'.upper()
'ABC'
>>>'ABC'.lower()
'abc'
>>>'ABcd'.swapcase()
'abCD'
>>>'Hello World!'.center(30)
'         Hello World!          '
>>>'Tom smiled,Tome cried'.replace('Tom','Lily')
'Lily smiled,Lilye cried'
```

2.1.3 逻辑值

1. 逻辑(布尔，bool)类型

逻辑值仅包括真(True)和假(False)两个值。常用来配合 if/while 等语句做条件判断。

2. 逻辑运算

逻辑运算包括：逻辑与(and)、逻辑或(or)、逻辑非(not)等。逻辑与表示“并且”，需要 and 连接的两个逻辑值都为真才为真，否则均为假；逻辑或表示“或者”，or 连接的两个逻辑值只需要一个为真，计算结果就为真，否则为假；逻辑非表示“否定”，not 连接一个逻辑值，返回相反的逻辑值结果。逻辑运算的优先级别是 not 最高，and 次之，or 最低。

3. 各种类型对应的真值

(1) 整数、浮点数和复数类型：0 为假，所有非零的数值都为真。
(2) 字符串类型：空串为假，所有非空串都为真。
(3) 所有序列类型(包含字符串)：空序列为假，所有非空的序列都为真。
(4) 空值 None：表示“无意义”或“不知道”，也为假。

例 2-8 逻辑值操作。

```
>>>a=True
>>>b=False
>>>print(a or b)
True
```

```
>>>print(a and b)
False
>>>print(4>5)
False
```

2.1.4 空值类型(None Type)

这是 Python 特有的类型，其他语言没有出现过此类型。该类型只有一个值：None。该类型的比较运算符是 is，与==等价。该类型可以被用来“安全地”进行参数初始化，即将变量初始化为 None，在我们重新给变量分配非 None Type 之前，如果对变量进行尝试性的操作，Python 则将给出错误提醒。注意：Python 变量具有动态类型的性质。

例 2-9 None 数据操作。

```
>>>a=None
>>>print(a is None)
True
>>>print(a==5)
False
>>>print(a==None)
True
>>>print(a+5)
Traceback(most recent call last):
  File"<stdin>",line 1,in<module>
TypeError:unsupported operand type(s)for+:'NoneType'and'int'
>>>a=5
>>>print(a+5)
10
```

2.2 变量及引用

2.2.1 命名数据

命名数据的语法格式：<名字> = <数据>。

命名规则：名字只能出现字母、数字、下划线，字母区分大小写，且开头只能是字母或下划线；名字尽量做到“见名知义”。Python 中的汉字是作为字母处理的。

2.2.2 名字和变量

名字就像一个标签，通过赋值来“贴”在某个数据或数值上。名字与数值的关联称为引用或赋值，一个数值可关联多个名字，关联数值后的名字才拥有数据的值和类型属性。

与数值关联的名字称为变量，从形式上直观地看，变量是一个符号，代表了一个运算量，该运算量的值参与运算。对计算机而言，变量代表一个存储单元，该存储单元包含的内容称为变量的值。变量的值和类型[type()函数查看变量的类型]可以随时变化。

2.2.3 赋值语句

赋值是一个非常重要的概念，它是指名字和数值关联的过程，其含义是将值赋给变量，或者将值传送到变量所在的存储单元中。赋值操作是通过赋值语句来实现的。

赋值号为“=”，是指将其右边算式的值赋值给其左边的变量。

赋值语句是指通过赋值号将变量和表达式左右相连的语句。其最基本的格式为：变量名=表达式。

在 Python 中，赋值语句还有其他灵活的形式。

(1)合并赋值：$a = b = c = 1.0$。

(2)按顺序依次赋值：$a, b, c = 1, 2, 3$。

(3)简写的赋值语句：price += 1(price=price+1)；price *= 1.5 (price=price*1.5)；price /=3 + 4(price=price/3+4)。

2.3 表 达 式

将变量、常量、数值、函数等用运算符连接起来的式子称为表达式，根据运算符的不同可将表达式分为算术表达式、关系表达式、逻辑表达式和字符表达式。

2.3.1 算术表达式

算术表达式就是用算术运算符将变量、常量、函数等连接在一起的式子。Python 中算术运算的优先次序为：先算括号，再算乘方，接下来是乘除，最后是加减。同级运算一般是从左到右依次进行，乘方运算则是从右到左。

算术运算要注意类型的转换。参与算术运算的运算量如果具有相同的数值类型，则运算结果仍然保持原类型不变。如果参与算术运算的运算量具有不同的数值类型，这时编译系统将自动将不同类型的数据转换为同一种类型，然后再进行运算。转换规则是将低级类型转换为高级类型，这个过程是系统自动进行的。整数类型数据是最低级的数据类型。这里需要注意除法(整数的除法运算得到实数结果)。

2.3.2 关系表达式

关系表达式是指由一个关系运算符把两个数值表达式或字符表达式连接起来的式子，它用于对两个运算量进行比较。关系表达式返回的结果是逻辑值。Python的比较运算符还有 is、is not、in 等。

书写关系表达式需注意：当关系运算中包含算术运算时，先进行算术运算，再进行关系运算；当关系运算用于两个不同类型的数据的比较时，将自动进行数据类型的转换，转换规则同算术运算；当用“==”和“！=”对两个浮点数类型进行比较时，可能会出现理论上相等的量而运算结果不等的现象(见例 2-2)；复数类型的关系运算只能是“==”或“！=”，仅当两个复数的实部和虚部都分别相等时，这两个复数才相等。

2.3.3 逻辑表达式

逻辑运算用于逻辑值的运算。逻辑表达式是指用逻辑运算符连接逻辑值的式子，其中逻辑值可以是逻辑型常量、逻辑型变量、逻辑型数组元素、逻辑型函数及关系表达式等。

逻辑运算的优先级别：not 优先级最高，其次是 and，然后是 or。统计的逻辑运算遵循从左向右的顺序进行。

一个逻辑表达式中可能包含多个逻辑运算符，而且还会出现关系运算和算术运算，它们之间的运算顺序按照以下规定进行：先计算算术表达式的值，再计算关系表达式的值，最后计算逻辑表达式的值。

例 2-10 逻辑表达式举例。

```
>>>a=2.5
>>>b=7.5
>>>c=5.0
>>>d=6.
```

```
>>>print((a+b)<(c+d)and a==3.5)
False
>>>print(c>d or not a+b<d)
True
```

2.4 Python 的输入和输出

数据的输入和输出是程序的重要组成部分。这里我们将具体介绍 Python 的输入和输出。

2.4.1 输入

输入是程序获得外部信息的过程，是实现人机交互功能的必要环节。Python 提供了 input() 内置函数从标准输入读入一行文本，默认的标准输入是控制台（如键盘）。函数 input() 的使用格式是：<变量> = input(<提示信息字符串>)，括号内的信息是提示信息，该语句从控制台获得用户输入的信息并赋值给变量，用户输入的信息以字符串的形式保存在变量中。函数 input() 可以接收一个 Python 表达式作为输入，并将运算结果返回。若需要强制得到整数输入，在 input() 前面加上强制类型转换符号即可。在输入过程中常会使用 eval() 函数，其作用是去除两边的引号。因为在使用 input() 时，不管输入什么，都会加上' '。而 eval() 可以起到去除的作用。Split() 函数用于输入多个数据，默认用空格间隔，也可改用其他符号。

例 2-11 input() 函数操作。

```
>>>name=input("请输入你的名字：")
请输入你的名字：Tom
>>>print(name)
Tom
>>>print(type(name))
<class'str'>
>>>a=int(input("请输入序号："))
请输入序号：234
```

```
>>>x,y=input("请输入坐标：")
请输入坐标：1.0,4.0
Traceback(most recent call last):
  File"<stdin>",line 1,in <module>
ValueError:too many values to unpack
(expected 2)
>>>x,y=eval(input("请输入坐标："))
请输入坐标：1,2
```

```
>>>print(a,type(a))
234<class'int'>
>>>b=input("请输入学号：")
请输入学号：20190101
>>>print(b)
20190101
>>>print(type(b))
<class'str'>
>>>b=eval(input("请输入学号："))
请输入学号：20190101
>>>print(type(b))
<class'int'>
```

```
>>>print(x,y)
1 2
>>>x,y
(1,2)
>>>print(type(x))
<class'int'>
>>>print(type(y))
<class'int'>
>>>a=input().split()
1 2 3
>>>print(a)
['1','2','3']
```

2.4.2 输出

Python 常用的两种输出值的方式：表达式语句和 print() 函数。此外还有第三种方式是使用文件对象的 write() 方法，标准输出文件可以用 sys.stdout 引用。

函数 print() 是以字符形式向控制台输出结果的函数。函数 print() 的基本使用格式：print(<拟输出字符串或字符串变量>)，其相应信息就会完整地输出到控制台。字符串类型的一对引号仅在程序内部使用，输出无需引号，print() 函数输出信息后会自动换行，若不需要换行，则要在变量末尾加上“end=”。官方给出的 print 函数格式：

```
print(value1,value2,…,sep='',end='\n',file=sys.stdout,flush=False)
```

即把 value 1,value 2,…的值打印输出到流中，默认打印至 sys.stdout 中。可选参数：file 为类文件对象(流)，默认值为 sys.stdout；sep 为在 values 之间插入的连接字符，默认为空格；end 为最后一个 value1,value2,…结束时添加的结束字符，默认值为 \n(换行)；flush 为是否强制刷新。

此外还可以根据需要设定各种各样的输出形式，使用 str.format() 函数来格式化输出值。有时还需要将输出的值转成字符串，这可以使用 repr() 或 str() 函数来实现。str() 函数返回一个用户易读的表达形式；repr() 产生一个解释器易读的表达形式。

同时，print()函数还有格式化的操作方法。这里需要用到占位符，常见的占位符有：整数(%d)、浮点数(%f)、字符串(%s)、十六进制整数(%x)。此外，还可以指定对齐方式、数字尾数、是否补零、小数点后保留几位等。同时，还可以使用{}进行位置的转化，'!a'［使用 ascii()］、'!s'［使用 str()］和'!r'［使用 repr()］可以用于在格式化某个值之前对其进行转化，可选项':'和格式标识符可以跟着字段名。这就允许对值进行更好的格式化等操作。

例 2-12　print()函数操作。

```
>>>print('Python 的设计哲学是“简单”“明确”“优雅”。')
Python 的设计哲学是“简单”“明确”“优雅”。
>>>print('''Python 的设计哲学是“简单”“明确”“优雅”。
...简单是指拥有脚本语言和解释性程序语言的易用性。
...明确是指拥有传统编译性程序语言所有强大的通用功能。
...优雅是指 Python 是一种解释型的、面向对象的、带有动态语义的高级程序设计语言。''')
Python 的设计哲学是“简单”“明确”“优雅”。
简单是指拥有脚本语言和解释性程序语言的易用性。
明确是指拥有传统编译性程序语言所有强大的通用功能。
优雅是指 Python 是一种解释型的、面向对象的、带有动态语义的高级程序设计语言。
>>>print(5+6,'abc')
11 abc
>>>name="Python"
>>>birth=1991
>>>print('程序语言是%s，诞生于%d 年。'%(name, birth))
程序语言是 Python，诞生于 1991 年。
>>>print('{0}是{2}的{1}。'.format("Python", "脚本语言","流行"))
Python 是流行的脚本语言。
>>>print('{0}{1}是{2}的。'.format("Python","脚本语言","流行"))
Python 脚本语言是流行的。
>>>import math
>>>print('常量 PI 的近似值为：{}。'.format(math.pi))
常量 PI 的近似值为：3.141592653589793。
>>>print('常量 PI 的近似值为：{!s}。'.format(math.pi))
常量 PI 的近似值为：3.141592653589793。
>>>print('常量 PI 的近似值为：{!r}。'.format(math.pi))
常量 PI 的近似值为：3.141592653589793。
```

```
>>>print('常量 PI 的近似值为：{!a}。'.format(math.pi))
常量 PI 的近似值为：3.141592653589793。
>>>print('常量 PI 的近似值为：{0:.4f}。'.format(math.pi))
常量 PI 的近似值为：3.1416。
```

Python 还可以通过 open 语句打开文件，采用 read()、readline()、write()等函数，从文件中读取、写入相应数据。这将在后续章节进行介绍。

2.5 习 题

1. Python 的基本数据类型有哪些？

2. 用 Python 语句完成下列操作：

(1)将变量 I 的值增加 1；

(2)I 的平方加上 J，并将结果保存在 I 中；

(3)将 M 和 N 中的较大者存放到 P 中；

(4)将两位自然数的个位数字和十位数字交换，得到一个新的数(个位数字不为 0)。

3. 编写一个 Python 程序段，用于计算任意两个整数 M、N 的和，并按要求输出结果。例如，$M=3$，$N=6$，则输出形式为“3 + 6 = 9”。

4. 输入一个月份数字，返回对应月份名字的缩写。

第 3 章　结构程序设计

在开始一段程序的设计时，首先需要明确能够解决问题的算法，以确定程序的框架，即根据编程的需求设计出程序的基本结构，再依据结构添加具体的语句，并最终完成程序设计。因此结构化的程序设计是最清晰与便捷的程序设计方式。下面我们就讨论一下程序设计中主要的几种结构及其设计。

3.1　顺序结构设计

顺序结构是面向过程程序设计的 3 种基本结构中最简单的一种结构，它只需要按照处理顺序，依次编写出 Python 程序的相应语句即可。当执行已经编写好的顺序结构程序时，是按照从上到下的顺序，一条语句一条语句进行执行。程序设计的学习都是从顺序结构开始的。一个程序通常包括数据输入、数据处理和数据输出 3 个基本的操作步骤，其中输入和输出是程序必不可少的步骤，数据处理则根据需要解决的问题由不同的语句来实现。从顺序结构示意图(图 3-1)可以看出程序在执行时，其是从上到下逐个执行各个部分的语句。

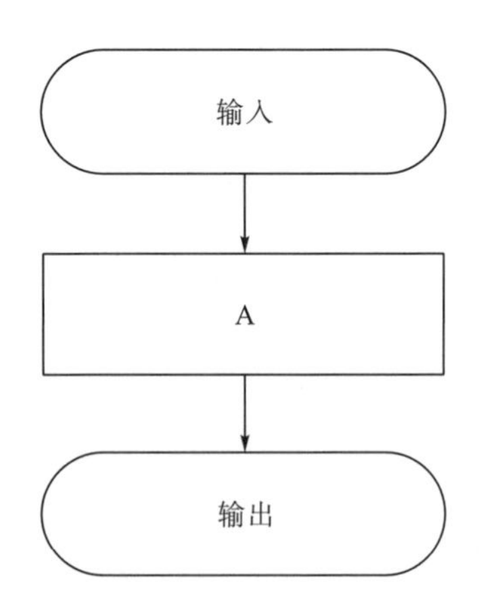

图 3-1　顺序结构示意图

例 3-1　顺序结构举例。

```
y = 2019
m = 6
d = 5
t = 9
wea = '晴'
tem = 25
rh = 0.59
wind = 1.5
aqi = 30
print(y,'年',m,'月',d,'日',t,'时')
print('天气: ',wea,'; '
      '温度: ',tem,'; '
      '湿度: ',rh,'; '
      '风速: ',wind,'; '
      'AQI: ',aqi)
```

```
2019 年 6 月 5 日 9 时
天气:  晴 ; 温度:  25 ; 湿度:  0.59 ; 风速:  1.5 ; AQI:  30
```

顺序结构比较简单，因此它只能够解决逻辑关系中比较简单的问题。对于逻辑关系复杂的问题则可以通过其他结构来解决，如选择结构和循环结构。

3.2　选择结构设计

在程序设计中，许多问题需要根据不同的条件进行不同的操作，即需要对给定的条件进行逻辑判断，根据判断的结果决定执行哪种操作。这就需要用到选择结构。

3.2.1　if 结构

if 语句是用以选取要执行的操作，是 Python 中主要的选择工具，代表 Python 程序所拥有的大多数逻辑。if 语句可以包含其他语句，包括其他 if 语句在内，而且可以任意地扩展嵌套，可使程序按照某一些特定的条件执行。它通过对表达式逐个求值直至找到一个真值。其通用格式是 if 测试，后面跟着一个或多个可选的 elif 测试，以及一个最终可选的 else 块。测试和 else 部分都有一个相关的嵌套语句块，缩进列在首行下面。当 if 语句执行时，Python 会执行测试第一个计算结果为真的代码块，或者如果当所有测试都为假时，就执行 else 块。从选择结构示意图(图 3-2)可以看出当程序执行时，先进行第一个条件的判断，如果为真则执行 A 语句，再进行第二个条件的判断，如果为真则执行 B 语句，随后程序结束，但是当第一个条件或第二个条件的判断为假时，则会执行 C 语句，随后程序结束。选择结构根据 if 语句分支的多少，可以分为单分支、双分支和多分支结构。

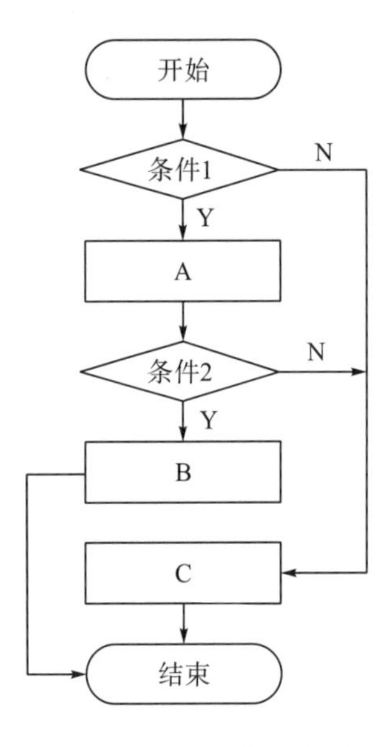

图 3-2　选择结构示意图

3.2.2　单分支块 if 结构

下面介绍单分支块 if 结构的一般格式。

```
if <test1>:                          #if 测试块
        <statements1>                #嵌套语句块
```

单分支块 if 结构由一个 if 语句构成，只有一个测试块。只考虑条件表达式为真的情况，首先判断条件表达式的值，如果是真值则执行嵌套语句块，如果是假则不做任何操作。如例 3-2，输入一个气象测站的站号，当其值为 56187 时，输出其对应的站名“Chengdu”。用 if 语句进行判断，非零整数均为真，零为假。因此判断结果为真，从而执行 if 语句下的 print 语句。

例 3-2　单分支结构举例。

```
>>> a = 56187
>>> if a==56187:
...        print("Chengdu")             # 提示符编程…，并自动缩进
...                                     # 空白行将终止并执行整个语句
Chengdu
>>>
```

注：Python 在交互式操作中会出现上述提示符，如“…”或者“…：”以表示程序脚本结构的自动缩进。

3.2.3　双分支块 if 结构

下面介绍双分支块 if 结构的一般格式。

```
if <test1>:
      <statements1>
else:
      <statements2>
```

双分支块 if 结构考虑条件表达式为真和假两种情况，由 if 块和 else 块构成。首先计算条件表达式的值，当其值为真时，执行 if 对应的语句块，否则执行 else 所对应的语句块。如例 3-3，输入一个气象测站的站号，当其值为 56187 时，输出其对应的站名“Chengdu”，否则输出“Other Station”。用 if 语句进行判断，当判断结果为真时，从而执行 if 语句下的 print 语句，不执行 else 下的 print 语句。

例 3-3　双分支结构举例。

```
if 56187:
     print('Chengdu')         #提示符编程...，并自动缩进
else:                          #回车后自动与print 对齐，需要消掉缩进
     print('Other Station') #提示符编程...，并自动缩进
                            #空白行将终止并执行整个语句
```

```
Chengdu
```

3.2.4　多分支块 if 结构

多分支块 if 结构在语句格式中相较于双分支 if 结构而言，增加了一个或多个 elif 分支，以便处理多重分支问题。下面介绍其一般格式。

```
if<test1>:             #if 测试
   <statements1>      #嵌套语句块
```

```
elif<test2>:
     <statements2>
elif<test3>:
     <statements3>
……
elif<testn>:
     <statementsn>
else:
     <statements(n+1)>
```

多分支块 if 结构由 if、多个 elif 及 else 构成。其有多个测试块，需要对条件进行多次判断，如果测试块的判断结果为真则执行 if 或 elif 所对应的嵌套语句块，如果测试块的判断结果均为假，则执行 else 所对应的嵌套语句块。多分支块 if 结构的执行过程如图 3-3 所示。当执行多分支块 if 结构时，首先计算条件表达式 1 的值，当其为真时，执行相应的语句块 1，否则计算条件表达式 2 的值，当其为真时，执行相应的语句块 2，以此类推，最后计算表达式 n 的值，当其为真时，执行相应的语句块 n。如果条件表达式 1～n 都不成立，则执行 else 相应的语句块 n+1。

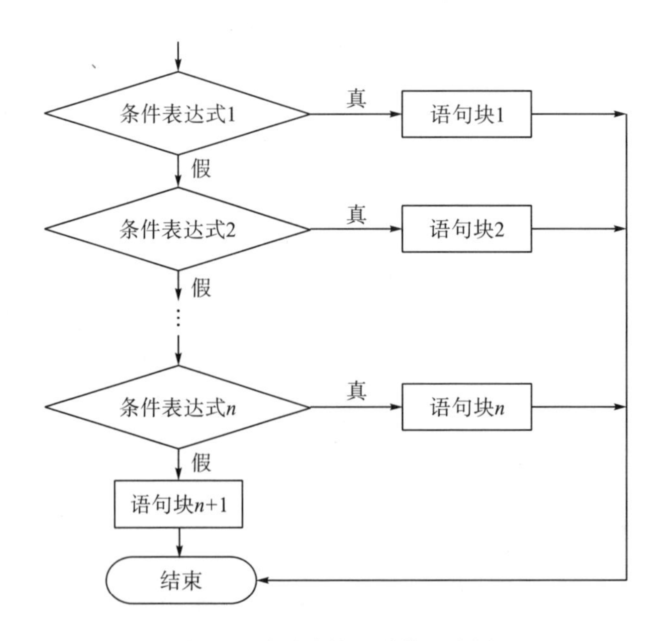

图 3-3　多分支块 if 结构示意图

例 3-4　多分支结构举例 1。

```
score=85
if score>80 and score<=100:
      print('优秀')
elif score>=60 and score<=80:
      print('合格')
else:
      print('不合格')
```

```
优秀
```

例 3-4 将得分情况分为三档，优秀、合格和不合格。首先给定一个得分 85，然后进行判断，如果大于 80 且小于 100，则认为优秀；如果大于等于 60 且小于等于 80，则认为合格；其他的均认为不合格，即小于 60 的为不合格。

例 3-5　多分支结构举例 2。

```
mon=6
if   mon>=3 and mon<=5:
      print('Spring')
elif mon>=6 and mon<=8:
      print('Summer')
elif mon>=9 and mon<=11:
      print('Autumn')
elif mon>=1 and mon<=12:
      print('Winter')
else:
      print('Wrong Number')
```

```
Summer
```

例 3-5 从 if 语句块扩展到 else 块。程序会执行第一次测试为真的语句下面的嵌套语句块，如果所有测试都为假，就执行 else 语句下面的嵌套块，即当 mon 为 3～5 时输出“Spring”，为 6～8 时输出“Summer”，为 9～11 时输出“Autumn”，当为 1、2、12 时输出“Winter”，除此以外的数字均为“Wrong Number”。注意 if、elif 及 else 语句能够结合在一起的原因在于它们垂直对齐，具有相同的缩进。因此在程序的设计过程中要注意相同级别语句的对齐。

例 3-6　输入成都站 7 月 6 日的日平均降雨量，判断其属于小雨、中雨、大雨、暴雨、特大暴雨的哪个级别，并输出。

```python
data=input('Enter the precipitation of Chengdu on July 6th:')
num=int(data)
print('Precipitation is:',num,'mm')
if num<10:
      print('Light rain')
elif num<25:
      print('Moderate rain')
elif num<50:
      print('Heavy rain')
elif num<100:
      print('Rainstorm')
elif num<250:
      print('Downpour')
else:
      print('Torrential rain')
```

```
Enter the precipitation of Chengdu on July 6th:86
Precipitation is:86 mm
Rainstorm
```

另外，多分支结构可以通过对字典进行索引运算或搜索列表实现。因为字典和列表可在运行时创建，有时会比编码的 if 逻辑更有灵活性。例 3-7 这个字典是多路分支：根据键的选择进行索引，再分支到一组值中的一个。右侧是与其功能相同的多分支结构。

例 3-7 多分支结构对字典或列表的索引。

字典

```python
var='temp'
print({'prec':30.00,
       'temp':26.70,
       'rh':0.98,
       'wind':3.4}[var])
```

```
26.7
```

if 语句

```python
var='temp'
if var=='prec':
     print(30.00)
elif var=='temp':
     print('26.70')
elif var=='rh':
    print(0.98)
elif var=='wind':
     print(3.4)
else:
     print('Wrong var')
```

```
26.7
```

3.2.5 if-else 结构的简写

Python 代码是逐行执行的，行数越少代码执行的效率越高，因此优化语句的写法可以提高代码的可读性，使代码更加简洁。判断语句的书写同样也可以进行简化。通常一个简短的判断语句代码需要占用好几行，而简写可以达到优化程序的目的。判断语句的简写有以下三种写法。

1. 将判断语句写为一行表达式

"值 1 if 条件 else 值 2"，即条件为真时选择值 1，为假时选择值 2。

#简写	#常规写法

a,b,c=3,5,8
c=a if a>b else b
print(c)
	a,b,c=3,5,8
	if a>b
	   c=a
	else
	   c=b
	print(c)

5	5

简写的程序中，当满足条件 $a>b$ 时，将 a 赋值给 c；当不满足条件时，将 b 赋值给 c。可以看到判断语句的两个选择分别位于条件的前后，像是天平。本程序中 $a=3$，$b=5$，则 $a>b$ 为假，因此将 b 赋值给 c，即 $c=5$。

2. 将判断语句写为二维列表

"[值1,值2][条件]"，即当条件为真时，就选择列表中第二个位置(list[1])的值 2；当条件为假时，选择第一个位置(list[0])的值 1。注意，这个选择的顺序与第一种方法相反。

#简写	#常规写法
a,b,c=3,5,8 c=[a,b][a>b] print(c)	a,b,c=3,5,8 if a>b c=b

	else c=a print(c)
3	3

不难看出，这种简写方法将判断结果的真和假当作列表位置 1 和 0 来索引列表中的值，即 *c*=[*a*,*b*][1]或者 *c*=[*a*,*b*][0]，从列表中按下标索引的方式取值给 *c*。本程序中 *a*=3，*b*=5，则 *a*>*b* 为假，因此[*a*,*b*][0]赋值给 *c*，即 *c*=3。

3. 利用逻辑运算符 and 和 or

“(条件 and[值 1]or[值 2])[0]”表示：当条件为真时执行值 1，当条件为假时执行值 2。此外，也可以简写为：(条件 and 值 1 or 值 2)，这种写法利用了 and 及 or 的特点。例子中 *c* = (*a*>*b* and [*a*] or [*b*])[0]也可以改写为 *c* = (*a*>*b* and *a* or *b*)。

#简写
a,b,c=3,5,8
c=(a>b and[a]or[b])[0]
print(c)
	#常规写法
	a,b,c=3,5,8
	if a>b
	  c=a
	else
	  c=b
	print(c)

5	5

下面来看程序的执行情况。首先，当不加括号时，and 的优先级大于 or，因此会先进行 *a*>*b* and [*a*]的判断，再利用它返回的值进行 *x* or [*b*]的判断；其次，and 的返回原则是前真返后，前假返前。所以在 *a*>*b* and [*a*]中，当 *a*>*b* 为真时，则返回[*a*]；当 *a*>*b* 为假时，则返回 *a*>*b*；再次，or 的返回原则是前真则返前，前假后真及前假后假均返回后面的值，即只有前真返回前的值，其他都返回后的值。所以，当 *a*>*b* 为真时，*a*>*b* and [*a*]返回[*a*]，or 也返回前面 *a*>*b* and [*a*]的值，即[*a*]；当 *a*>*b* 为假时，*a*>*b* and [*a*]返回 *a*>*b*，or 则返回后面的值，即[*b*]。最后，再对列表[*a*]或[*b*]按下标 0 进行取值，得到 *a* 或 *b*。本程序中 *a*=3，*b*=5，因此 *a*>*b* 为假，最终 *b* 赋值给 *c*，即 *c*=5。

3.3 循环结构设计

循环结构的基本思想是重复，就是不断重复执行某些语句，以完成复杂的计算任务。这也是计算机求解问题的基本特点。在 Python 中，用于实现循环结构的语句主要有 while 语句和 for 语句。这两种语句的作用是一致的。while 语句提供了编写通用循环的一种方法；for 语句则方便遍历序列对象内的元素，并对每个元素运行一个代码块。图 3-4 展示了一般循环结构程序的执行情况。

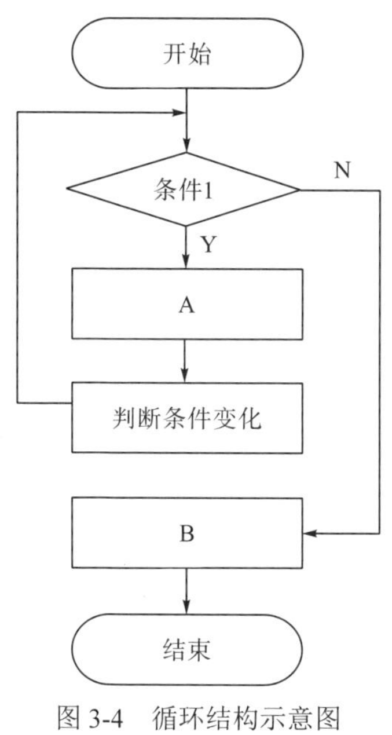

图 3-4　循环结构示意图

3.3.1　用 for 语句实现循环

对于有些问题，事先就能确定循环次数，这时用 for 语句实现则非常方便。for 循环在 Python 中是一个通用的序列迭代器，可以遍历任何有序的序列对象内的元素。

下面介绍 for 循环的一般格式。

```
for  <target> in <object>:     #将对象(object)分配给目标(target)
    <statements1>               #利用目标重复循环体
else:                           #退出循环
    <statements2>
```

for 循环的执行过程包括：首行定义一个赋值目标(target)及想遍历的对象(object)，首行后是循环的语句块。当所有的目标都被访问过后，循环终止，执行 else 后的语句体(else 及其相应语句块是可选项)。

当 Python 运行 for 循环时，会将序列中的元素逐个赋值给目标，然后为每个元素(目标)执行一次循环体。它就好像是访问了序列中的所有元素，每访问一次就针对所访问的元素(目标)执行一次循环。

例 3-8 中就定义了一个序列，序列中有四个元素。当循环进行时，将序列中的四个元素依次赋值给变量 x，并将其输出。循环结束后，序列中的四个元素就全部被打印在屏幕上了。

例 3-8 for 循环语句举例 1。

```
for x in["spring","summer","autumn","winter"]:
    print(x,end='')
```

```
spring summer autumn winter
```

注意：end=''是使所有输出都在同一行，并用空格隔开。

例 3-9 也是将列表中的数值循环赋值给 a，并与 c 相乘后重新赋值给 c，然后输出 a 和 c 的数值。当 5 次循环结束后，共输出 5 行数据。第一列为 a 的数值，即列表中的所有数据，第二列为 $a*c$ 的数值，它与 c 的数值在循环过程中不断变化。

例 3-9 for 循环语句举例 2。

```
c=1
for a in[1,2,3,4,5]:
    c*=a
    print(a,c)
```

```
1 1
2 2
3 6
4 24
5 120
```

for 循环适用于任何序列，如字符串、元组或列表，例 3-10 就展示了一些使用 for 循环的例子。左侧的程序说明 for 可以遍历字符串中的每一个字符，中间的程序则表明 for 可以遍历元组中的每一个元素，右侧的程序则展示了 for 在列表中的循环赋值。

例 3-10 for 循环语句举例 3。

字符串	元组	列表
`P="precipitation"` `for x in P:print(x,end='')`	`F=("same","as","rainfall")` `for x in F:print(x,end='')`	`D=[(1,2,3),(4,5,6)]` `for(x,y,z)in D:print(x,y,z)`
precipitation	same as rainfall	1 2 3 4 5 6

3.3.2　用 while 语句实现循环

对于循环次数确定的循环问题使用 for 循环是比较方便的，但是有些问题的实现是无法确定循环次数的，因此只能通过给定的条件来确定是否继续循环。这时就可以使用 while 语句来实现循环。

while 语句是 Python 语言中最通用的迭代结构，用于在表达式保持为真的情况下重复地执行。while 语句的判断语句为真，就会重复执行对应的语句块，直到判断语句为假。当测试变为假时，控制权会传给 while 块后的语句。如果测试一开始就是假，主体就绝不会执行。

while 语句完整的书写格式是：首行及测试表达式、有一列或多列缩进语句的主体和一个可选的 else 部分。

```
while<test>:                   #循环测试
     <statements1>             #循环体
else:                          #else 选项
     <statements2>             #当没有 break 跳出循环时，执行该语句。
```

例 3-11 中 x 为控制循环的条件，当其为真时，循环继续。最初 x 的值为 spring，循环条件为真，开始第一次循环，执行“x=x[1:]”后，新的 x 为 pring，此时 x 仍为真，进行第二次循环，执行“x=x[1:]”后，新的 x 为 ring。因此当 x 为空(假)时，循环就结束了。

例 3-11　while 循环举例 1。

```
x='spring'
while x:                  #当 x 不为空
     print(x,end='')      #end=''使所有输出在同一行，用空格隔开
     x = x[1:]            #切掉 x 的第一个字符
```

```
spring pring ring ing ng g
```

例 3-12 中控制循环的条件为 $a<b$，即当满足 $a<b$ 时，循环继续；当不满足 $a<b$ 时，循环结束。循环过程中，a 的数值逐渐加 1，因此当 $a=5$ 时，即当 $a=b$ 时，条件不满足，循环结束。

例 3-12　while 循环举例 2。

```
a=0;b=5;c=0
while a<b:                #循环计数
       a+=1               #同 a= a +1
```

```
1 1
2 3
3 6
```

`    c=c+a`	4 10
`    print(a,c)`	5 15

3.3.3 循环流程控制语句

在前面的描述中我们注意到无论是 for 语句还是 while 语句，其完整格式都包含了一个 else 语句。它会在循环遍历完列表(使用 for)或在条件变为假(使用 while)时被执行。但是如果遇到循环被强行终止的情况，则将跳出整个循环，也不会执行 else 后的语句块了。下面就介绍一下可以使循环强行终止的语句(break、continue)和循环中的 else 语句。

加入 break 和 continue 语句后，while 循环和 for 循环的一般格式如下所示。

```
#while 语句(加入 break、continue)格式
while<test1>:
    <statements1>
    if<test2>:break           #退出循环，跳过 else 语句
    if <test3>: continue      #跳到循环的顶端，即 while<test1>:
else:
    <statements2>             #如果未遇到"break"，可执行
```

```
#for 语句(加入 break、continue)格式
for  <target>in<object>:      #将对象(object)分配给目标(target)
     <statements1>
     if<test2>:break          #退出循环，跳过 else 语句
     if<test3>:continue       #跳到循环的顶端，即 for<target>in<object>:
else:
     <statements2>
```

1. break 语句

break 语句是用于跳出最近所在的 for 或 while 循环，即跳出整个循环语句。break 的作用是强制结束循环。

例 3-13 中用 break 强制结束了 for 循环。for 循环在遍历列表中降水数据的过程中，如果遇到第一个大于 50mm 的暴雨数据，则在列表中的序号 c 中输出这个降水数据并同时输出降水数据 a。输出结束后，跳出循环。

例 3-13　break 语句举例。

代码	输出

#识别暴雨
c=0
for a in[2.8,10.0,42.2,29.2,86.4,49.1, 5.0]:
        c+=1
       if a>=50:
             print('The record number of rain storm is',c)
             print('The precipitation is',a)
             break
	The record number of rain storm is 5
	The precipitation is 86.4

2. continue 语句

continue 语句是用于跳到所在最近循环的开头处，执行下一次循环，即来到循环的首行，不执行循环体剩下的语句，即跳过此次循环，继续执行下一次循环。它与 break 的区别是仅跳出当前的循环，而不是跳出整个循环体。

例 3-14 中的 continue 使程序跳出了一次循环，即降水数据为 9999（缺测）的一次循环。for 循环在计算总降水量的过程中，如果遇到缺测的数据则不累加此次降水数据，并且不输出，因此在输出结果中并未看到缺测的这个数据，输出的数据行只有六行。

例 3-14　continue 语句举例 1。

代码	输出

#计算累积降水，遇到缺测值，不计入累积量
c=0
for a in[2.8,10.0,42.2,29.2,9999,49.1,5.0]:
      If a==9999:continue
      c+=a
      print(a,c)
	2.8 2.8
	10.0 12.8
	42.2 55.0
	29.2 84.2
	49.1 133.3
	5.0 138.3

例 3-15 中的 continue 使程序多次跳出了当前循环，即当数字为偶数时，跳出此次循环。本例中还需要注意的是结构的对齐，最后一个 print 语句需要与 if 对齐。

例 3-15　continue 语句举例 2。

代码	输出

#区分奇数和偶数
for num in range(2,10):
      if num %2==0:
	Even number 2
	Odd number 3
	Even number 4

` print("Even number",num)`
` continue`
` print("Odd number",num)`
	`Odd number 5`
	`Even number 6`
	`Odd number 7`
	`Even number 8`
	`Odd number 9`

3. pass 语句

pass 语句是一个空占位语句，其作用是占位但不做任何操作，以保持程序的完整性。因此它可以放到程序的任意一个位置。

例 3-16 中的 pass 语句在 if 语句下占用了一行。当 for 循环在遍历整个字符串时，满足某一条件就会到达 pass 语句，后面的 print 语句则说明了 pass 在循环中的位置。从输出结果可以看出，pass 语句并没有进行任何操作。

例 3-16 pass 语句举例。

```
i=0
for letter in'Typhoon':
    if letter=='h':
        pass
        print('This is pass')
    i=i+1
    print(i,':',letter)
```

```
1:T
2:y
3:p
This is pass
4:h
5:o
6:o
7:n
```

4. else 语句

else 语句及其所嵌套的语句块是当前面的条件均不满足时程序所选择的操作，其用于当循环正常结束离开时才会执行，即循环体中未碰到 break 语句。因此可以看出 else 语句是判断语句其中一个分支的选项。

对比例 3-17 和例 3-18 两个程序会发现，各行的语句是一样的，但输出的结果却不同。其中的区别在于 else 语句是归属于 if 结构还是 for 循环结构。第一个程序中 else 是与 for 对齐的，它是属于 for 循环的。第二个程序中 else 是与 if 对齐的，是属于 if 结构的。因此在编程过程中需要注意程序的结构化设计和缩进的结构特征，否则将会得到不同的结果。

例 3-17　else 语句举例 1。

代码	输出

#查找闰年
n=0
for year in range(2010,2019):
    if year % 4==0 and year % 100!=0:
        print("Leap year is",year)
        n+=1
else:
    print("Leap year number is ",n)
	Leap year is 2012
	Leap year is 2016
	Leap year number is 2

例 3-18　else 语句举例 2。

代码	输出

#查找闰年
n=0
for year in range(2010,2019):
    if year % 4==0 and year % 100!=0:
        print("Leap year is",year)
        n+=1
    else:
        print("Leap year number is",n)
	Leap year number is 0
	Leap year number is 0
	Leap year is 2012
	Leap year number is 1
	Leap year number is 1
	Leap year number is 1
	Leap year is 2016
	Leap year number is 2
	Leap year number is 2

3.3.4　无限循环

如果循环语句中的条件判断语句永远为逻辑真(True)，那么循环将会无限地执行循环主体，直到强制停止执行为止。这种循环通常称为无限循环。在 Python 中，除了条件判断语句，其他值也可以作为判断真假的条件。任何非零整数都为真，零为假。此外任何序列都可以进行判断，可以是字符串或是列表的值，长度非零就为真，空序列就为假。

例 3-19 无限循环举例 1。

```
while True:
    print('Type Ctrl-C to stop me!')
```

这种无限循环可以通过与 break 语句结合实现结束无限循环。

```
while True:
        …loop body…                    #循环体
    if exit Test( ):break              #满足跳出条件，跳出循环
```

例 3-20 是个无限循环，因为 1 永远为真。但是加了判断语句后，当 *t* 累加大于等于 100 时，程序就会通过 break 语句跳出这个无限循环。

例 3-20 无限循环举例 2。

```
t=0
while 1:
    t+=1
    if t>=100:break
```

例 3-21 是通过输入的数据来判断降水等级的。这里利用的就是无限循环，只要输入数据就会有判断结果输出，只有当输入“exit”退出时，程序才会通过 break 语句终止。

例 3-21 无限循环举例 3。

代码	输出
#通过输入的降水量数据判断降水等级	Enter a Precipitation Data:5
while True:	Light rain
data=input('Enter a Precipitation Data:')	Enter a Precipitation Data:15
if data=='exit':	Moderate rain
Break	Enter a Precipitation Data:25
elif not data.isdigit():	Heavy rain
print('Bad Data!')	Enter a Precipitation Data:55
else:	Rainstorm
num=int(data)	Enter a Precipitation Data:105
if num<10:	Downpour
print('Light rain')	Enter a Precipitation Data:300
elif num<25:	Torrential rain

```
        print('Moderate rain')
    elif num<50:
        print('Heavy rain')
    elif num<100:
        print('Rainstorm')
    elif num<250:
        print('Downpour')
    else:
        print('Torrential rain')
print('Bye')
```

```
Enter a Precipitation Data:data
Bad Data!
Enter a Precipitation Data:exit
Bye
```

3.4 嵌套结构设计

按照顺序结构设计的 Python 程序中，会嵌入选择结构的程序块和循环结构的程序块。选择结构的程序块中也可以再嵌入另一个或多个选择结构，这是选择结构的嵌套。循环结构的程序块中也可以再嵌入另一个或多个循环结构，这是循环结构的嵌套。除此之外，选择结构的程序块中也可以嵌套循环结构的程序块，而循环结构的程序块中也可以嵌套选择结构的程序块，这就是混合嵌套(表 3-1)。

表 3-1 嵌套结构的种类

嵌套结构	嵌套种类	
选择嵌套	if 语句中嵌套有	if 语句
循环嵌套	while 语句中嵌套有 for 语句中嵌套有	while/for 语句
混合嵌套	if 语句中嵌套有	while/for 语句
	while 语句中嵌套有	if/for 语句
	for 语句中嵌套有	while/if 语句

3.4.1 选择嵌套

一个 if 语句中含有另一个 if 语句就是 if 嵌套，或者叫作选择嵌套。编程过程中可以在 if 嵌套中继续写 if 嵌套，但是一般情况下写 3 层就可以了，在实际工作当中一般嵌套一个就可以，如果嵌入 *n* 个，则有一种更简单的方式去写，即 if 的多重分支结构。

例 3-22 就是一个简单的 if 嵌套语句，通过这个例子，我们就可以简单地了解在 if 嵌套语句中是如何实现及运行的。

例 3-22 选择嵌套举例。

```
#计算一年的总天数
for yea in range(2015,2019):
    total=0
    for mon in range(1,13):
        if mon==2:
            if(yea % 4 == 0 and
               yea % 100!=0):
               day=29
          else:
               day=28
        elif(mon==4 or
            mon==6 or
            mon==9 or
            mon==11):
            day=30
        else:
            day=31

        total+=day
    print(yea,"has",total,"days")
```

```
2015 has 365 days
2016 has 366 days
2017 has 365 days
2018 has 365 days
```

例 3-22 中使用到了两个 if 语句进行嵌套。一个 if 语句用于判断 mon 是几月，另一个 if 语句用于判断当 mon 是 2 月时，当年是否为闰年。第二个 if 语句嵌套在第一个 if 语句的第一个分支中。

3.4.2　循环嵌套

Python 语言允许在一个循环体里面嵌入另一个循环。while 语句和 for 语句各有优势，在使用过程中可以根据需要进行选择。

1. for 循环嵌套格式

```
for iterating_var in sequence:
   for iterating_var in sequence:
      statements(s)
   statements(s)
```

2. while 循环嵌套格式

```
while expression:
   while expression:
      statement(s)
   statement(s)
```

除此之外，for 语句和 while 语句也可以互相嵌套。例如，在 while 循环中可以嵌入 for 循环，反之，可以在 for 循环中嵌入 while 循环。

3. while 和 for 互相嵌套格式

```
while expression:
   for iterating_var in sequence:
      statements(s)
   statement(s)
```

```
for iterating_var in sequence:
   while expression:
      statement(s)
   statements(s)
```

例 3-23 利用了两个 while 循环进行嵌套。外层的循环用以控制打印的行数，内层的循环用以控制每一行打印的个数。

例 3-23　while 循环嵌套举例。

```
#利用*打印三角形
s=1
while s<=6:
```

```
*
**
***
```

```
    r=1
    while r<=s:             #*随着行数的增加也在增加
        print("*",end="")   #end 让*打印在一行
        r+=1
    print("")               #这句话的作用是换行
    s+=1
```

```
****
*****
******
```

例 3-24 利用了两个 for 循环进行嵌套。同样，外层的循环用以控制打印的行数，内层的循环用以控制每一行打印的个数。但需要注意的是，打印相同的图形，while 语句和 for 语句在循环临界值的设定上有所区别。从例 3-23 和例 3-24 可以看出在解决当前这个问题时，for 循环相比于 while 循环更加简洁和精炼。

例 3-24　for 循环嵌套举例。

```
#利用*打印三角形
for s in range(1,8):
    for r in range(1,s):          #*随着行数的增加也在增加
        print("*",end="")  #end 让*打印在一行
    print("")          #这句话的作用是换行
```

```
*
**
***
****
*****
******
```

例 3-25 使用了外层的 for 循环和内层的 while 循环及外层的 while 循环和内层的 for 循环两种相互嵌套的方式，来完成上述两个例子相同的工作，其效果是一样的。但是也注意到仍然是例 3-24 更加简洁明了。因此在循环嵌套中，可以根据编程习惯来选择不同的嵌套形式。

例 3-25　while、for 语句相互嵌套的例子。

```
#while 嵌入 for 循环
for s in range(1,8):
    r=1
    while r<=s:
        print("*",end="")
        r+=1
    print("")
```

```
#for 嵌入 while 循环
s=1
while s<=7:
    for r in range(1,s):
        print("*",end="")
    print("")
    s += 1
```

```
*
**
***
****
*****
******
```

3.4.3　混合嵌套

在程序编译过程中使用最多的还是混合嵌套。通常会根据需要，将不同的语句反复嵌套在同一个程序当中。

1. while 循环嵌套 if 语句

例 3-26 中使用的是将 if 语句嵌套在 while 语句中。外层的 while 语句用于控制寻找的范围(<10)。内层的 while 语句用于控制除数的范围。内层的 while 语句嵌套了一个 if 语句，当余数为 0 时，不是素数，跳出内层的 while 循环；外层的 while 循环嵌套一个 if 循环，当满足条件时，输出该数是素数。

例 3-26　while 循环嵌套 if 语句举例。

```
#查找素数
num=2
while(num<10):
   lis=2
   while(lis<=(num/lis)):
      if not(num%lis):break  #判断余数是否为0
      lis+=1
   if(lis>num/lis):print(num,"is prime number")
   num+=1
```

```
2 is prime number
3 is prime number
5 is prime number
7 is prime number
```

2. for 循环嵌套 if 语句

例 3-27 中利用的是在 for 循环中嵌套了 if 语句。外层的 for 循环用来遍历 needs，即需要寻找的数据。内层的 for 循环用来遍历 elems，即已有的数据。if 语句嵌套在最内层的 for 语句中，用以判断是否找到所需数据。后面的一种方法在处理相同的问题时，利用了 in 的特点，简化了程序。

例 3-27　for 循环嵌套 if 语句举例。

```
#查找所需数据中已经有的数据
elems=["pres","prec","temp","rh","wind"]
needs=["wind","vor"]
for var in needs:
```

```
wind was found
vor not found!
```

<table>
<tr><td>

```
    for elem in elems:
        if elem==var:
            print(var,"was found")
            break
    else:
        print(var,"not found!")
```

</td><td></td></tr>
<tr><td>

```
#查找所需数据中已经有的数据
elems=["pres","prec","temp","rh","wind"]
needs=["wind","vor"]
for var in needs:
    if var in elems:
        print(var,"was found")
    else:
        print(var,"not found!")
```

</td><td>用 in 运算符测试成员关系，则易于编写。用 in 隐性的扫描列表来找匹配，可取代内层循环</td></tr>
</table>

3.5 习　　题

1. 已知：$f(x)=x^2+\sin(x)+\ln(x^4+1)$，输入自变量 x 的值，求出对应的函数值。

2. 有一线段 MP，M 点的坐标为(1, 1)，P 点的坐标为(5.5, 5.5)，求 MP 的长度及黄金分割点 N 的坐标。黄金分割点在线段的 0.618 处。

3. 输入一个四位整数，输出其各位数字的平方和。

4. 编写程序，输入年月即可输出该月对应的天数。

5. 求[2, 999]中同时满足以下条件的数：

(1) 该数各位数字之和为奇数；

(2) 该数为素数。

6. 用矩形法求 $F=\int_0^2\sqrt{1+x^2}\,\mathrm{d}x$ 的近似值，取 n=100。

第 4 章　函数与数组

本章内容主要包括 Python 内置结构、Python 函数及 NumPy 库。

4.1 内　置　结　构

数据结构的优势是能够将一些数据聚合在一起。换句话说，它们是用来存储一系列相关数据的集合。Python 提供了四种内置的数据结构——列表、元组、字典和集合。了解如何使用它们，并利用它们可使编程之路变得更加简单。

4.1.1 序列

序列是一组有顺序的元素(对象)的集合。序列有两种：元组和列表。序列可以包含一个或多个元素，也可以没有任何元素。之前所说的基本数据类型都可以作为序列的元素。元素还可以是另一个序列，以及以后要介绍的其他对象。

```
>>>types=['grid','station','radar','satellite']    #list 列表
>>>dimensions=('lon','lat','lev','time')           #tuple 元组
>>>print(types,type(types))
['grid','station','radar','satellite']<class'list'>
>>>print(dimensions,type(dimensions))
('lon','lat','lev','time')<class'tuple'>
```

元组和列表的主要区别：一旦建立，元组的各个元素不可再变更，而列表的各个元素可以再变更。

一个序列作为另一个序列的元素。

```
>>>datasets=['grid','station','radar','satellite',['longitude','lat
itude','altitude','time']]
```

当序列中没有元素时为空序列。

```
>>>dim=[]
>>>print(dim,type(dim))
[]<class'list'>
```

4.1.2 列表和元组

1. 列表

列表是新手可直接使用的 Python 最强大的功能之一，它融合了众多重要的编程概念。列表是可变有序的序列。列表元素可以设置为任何内容，甚至可以是另一个列表，并且对其大小没有限制，可以随时进行修改。用方括号（“[]”）分隔（即开始和停止）列表，列表元素之间用逗号将彼此分开。

列表元素索引从零开始，因此列表的第一个元素的地址是[0]，第二个元素是[1]等。因为元素的有序数值（即第一、第二、第三等）不同于元素的地址（即零、一、二等），当我们通过其地址引用元素时，地址中的“第 0 个”元素是列表中按位置的第一个元素，按地址的“oneth”元素是按位置的第二个元素，按地址的“twoth”元素是按位置的第三个元素，以此类推。

列表的基本操作和字符串类似，可以通过“+”连接两个列表，可以用“*”进行列表的多次重复，用“[]”进行列表元素的索引，用“[:]”获取列表的一个子序列，可以借助 for 循环对列表进行循环列举，通过 in 进行成员检查并返回逻辑值，使用 len()函数[如 len(a)]来获得列表或元组的长度。

列表或元组引用的基本格式：[下限:上限:步长]，即索引形式。

例 4-1 列表举例。

```
>>>datasets=['grid','station','radar','satellite',['longitude','lat
itude','altitude','time']]
>>>print(len(datasets))
5
>>>print(type(datasets))
<class'list'>
>>>print(datasets)
['grid','station','radar','satellite',['longitude','latitude','alt
itude','time']]
>>>print(datasets[0])
grid
>>>print(datasets[4])
```

```
['longitude','latitude','altitude','time']
>>>print(datasets[4][3])
time
>>>print(datasets[:4])
['grid','station','radar','satellite']
>>>print(datasets[2:])
['radar','satellite',['longitude','latitude','altitude','time']]
>>>print(datasets[0:4:2])
['grid','radar']
>>>print(datasets[2:0:-1])
['radar','station']
```

在 Python 中，列表元素也可以从末尾开始索引。因此，datasets[-1]是列表 datasets 中的最后一个元素，datasets[-2]是最后一个元素的最后一个元素等。

例 4-2　从列表的末尾开始索引举例。

```
>>>print(datasets[-1])
['longitude','latitude','altitude','time']
>>>print(datasets[-2])
satellite
```

可以创建已有列表的切片来得到新的列表。列表的切片规则：范围中的元素地址用冒号分隔；范围的下限包括在内，范围的上限不包括在内。

例 4-3　列表的切片：对例 4-1 中的列表进行切片，观察对比 datasets[1:2]、datasets[1:3]的打印结果。

```
>>>print(datasets[1:2])
['station']
>>>print(datasets[1:3])
['station','radar']
```

列表是一种可变的数据类型，即这种类型是可以被改变的。一旦创建了一张列表，那么既可以添加、移除列表中的项目，也可更改列表的大小。更改列表中元素的一种方法是通过赋值。

例 4-4　以赋值的方式更改列表的元素值：以例 4-1 的 datasets 列表为例，用赋值的方式将列表 datasets 中的第二个元素更改为“sounding”。

```
>>>datasets[1]='sounding'
>>>print(datasets)
```

```
['grid','sounding''radar','satellite',['longitude','latitude','alt
itude','time']]
```

此外，Python 列表也有特殊的“内置”函数，允许您将项目插入(insert)列表、移除(remove)列表中的项目、为列表追加(append)项目等。同时，还可以通过split()函数将字符串拆分成一个列表，默认以空格分隔。

例 4-5 用列表内置函数更改列表：以 datasets 列表为例，进行插入、移除、追加的列表更改操作。

```
>>>datasets = ['grid','station','radar','satellite',['longitude',
'latitude','altitude','time']]
>>>datasets.insert(1,'sounding')      #在序列 1 的位置插入'sounding'
>>>print(datasets)
['grid','sounding','station','radar','satellite',['longitude','lati
tude','altitude','time']]
>>>datasets.remove('grid')            #移除元素'grid'
>>>print(datasets)
['sounding','station','radar','satellite',['longitude','latitude','
altitude','time']]
>>>datasets.append(2000)              #追加
>>>print(datasets)
['sounding','station','radar','satellite',['longitude','latitude','
altitude','time'],2000]
>>>"Python is an excellent language".split()
['Python','is','an','excellent','language']
```

2. 元组

元组几乎与列表相同，但元组是不可变的有序序列(即它们是不可变的)。如果您尝试在元组中插入元素，Python 将返回错误。此外，元组的类型定义后不能修改，这种不可变性可以确保代码的安全。如果仅考虑代码的灵活性，那么可用列表代替元组。

元组的创建很简单，只需要在括号中添加元素(元组外侧的括号可以使用，也可以不使用)，并使用逗号隔开即可，元组可以是空的。元组中的元素可以是不同的类型，也可以是另一个元组(此时作为元素的元组需要加括号，避免出现歧义)。元组中的元素存在先后关系，可以通过索引访问一个或部分元素。元组可以使用“+”和“*”进行运算。除使用括号作为分隔符而不是方括号外，元组的定义方法与列表完全相同。

例 4-6　元组举例。

```
>>>types=('grid','station','radar','satellite')
>>>print(types,type(types))
('grid','station','radar','satellite')<class'tuple'>
>>>types.insert(2,'sounding')
Traceback(most recent call last):
  File"<stdin>",line 1,in<module>
AttributeError:'tuple'object has no attribute'insert'
>>>print(len(types))
4
>>>print(types[1])
station
>>>print(types[1:3])
('station','radar')
>>>print(types[-1])
satellite
>>>a=(1,2,3,4,5,6)
>>>b=5,6,7,8,9,0                    #不加括号也可以
>>>type(a)
<class'tuple'>
>>>type(b)
<class'tuple'>
>>>c=()
>>>type(c)
<class'tuple'>
>>>d=(120)
>>>type(d)                          #不加逗号，类型为整型
<class'int'>
>>>d=(120,)
>>>type(d)                          #加上逗号，类型为元组
<class'tuple'>
```

元组中的元素值是不允许修改的，但我们可以对元组进行连接组合。元组中的元素值是不允许删除的，但我们可以使用 del 语句来删除整个元组。与字符串

一样，元组之间可以使用“+”和“*”号进行运算。这就意味着它们可以组合和复制，且运算后会生成一个新的元组。Python 元组包含了以下内置函数 len()、max()、min()、tuple()等。

例 4-7 元组操作举例。

```
>>>a=(1,5.3)
>>>b=('xyz','latlonlev')
>>>a[0]=12                              #修改元组元素操作是违法的
Traceback(most recent call last):
  File"<stdin>",line 1,in<module>
TypeError:'tuple'object does not support item assignment
>>>c=a+b                                #创建一个新的元组
>>>print(c)
(1,5.3,'xyz','latlonlev')
>>>del c;                               #删除元组 c
>>>print(c)
Traceback(most recent call last):
  File"<stdin>",line 1,in <module>
NameError:name'c' is not defined
>>>print(a,b)
(1,5.3)('xyz','latlonlev')
>>>(1,2,3)+(9,1,0,0)                    #元组连接
(1,2,3,9,1,0,0)
>>>len((0,1,2,4,5))                     #计算元组元素个数
5
>>>('lon','lat')*4                      #元组复制
('lon','lat','lon','lat','lon','lat','lon','lat')
>>>'lev'in('lon','lat')                 #元组查找某元素是否存在
False
>>>'lev'in('lon','lat','lev','time')    #元组查找某元素是否存在
True
>>>for i in(0,1,2,3):                   #迭代
...     print(i)
...
0
```

```
1
2
3
>>>e=(1,3,6,9,2)
>>>min(e)
1
>>>max(e)
9
>>>f=('0','8','1','3')
>>>min(f)
'0'
>>>max(f)
'8'
>>>a=[1,3,5,7,9]
>>>tuple(a)                           #将列表转换为元组
(1,3,5,7,9)
>>>a=('d','g','b','a')
>>>min(a)
'a'
>>>max(a)
'g'
```

注意：在 Python 中，字符串是一种特殊的元组，字符串的切片就像每个字符都是元组元素一样进行操作。

例 4-8　字符串的切片举例。注意：如果 a = “Hello World!”，那么[1:3]将返回子串 “el”。

```
>>>a='Hello World!'
>>>a[1:3]
'el'
```

4.1.3　Python 函数 range()

Python 中的内置函数 range()可用来帮助我们建立新的列表。

```
>>>idx=range(5)
>>>print idx
[0,1,2,3,4]
```

在 Python 中 range()函数返回的是一个可迭代对象(类型是整数序列的对象)，而不是列表类型，所以打印的时候不会打印列表。需要通过 list()函数(对象迭代器)将 range()返回的可迭代对象转为一个列表，返回的变量类型为列表。

range()函数的用法有两种：只给出上限(默认下限为 0)；或者给出上限、下限和(或)步长。

range(stop)

range(start, stop[, step])

例 4-9 range()函数。

```
>>>range(5)
range(0,5)
>>>list(range(5))
[0,1,2,3,4]
>>>list(range(0))
[]
>>>list(range(0,20,4))
[0,4,8,12,16]
>>>list(range(0,10))
[0,1,2,3,4,5,6,7,8,9]
>>>list(range(0,-5,-1))
[0,-1,-2,-3,-4]
>>>list(range(1,0))
[]
>>>range(3)
range(0,3)
>>>for i in range(3):
…       print(i)
…
0
1
2
```

4.1.4 字典

字典是另一种可变的数据结构，与列表和元组一样，字典也是元素的集合，但字典是无序列表，其元素由键而不是位置引用。

字典的每个键/值对(key=>value)用冒号(:)分隔，每个对之间用逗号(,)分隔，整个字典包括在花括号({})中。也可以说字典是键/值对的集合，该集合以键为索引，同一个键的信息对应一个值。字典键的重要特性：不允许同一个键出现两次，创建时如果同一个键被赋值两次，则后一个值会被记住；键必须不可变，所以可以用数字、字符串或元组充当，而用列表就不行。

对字典的操作可分为增加新的键/值对、修改或删除已有键/值对。能删单一的元素也能清空字典，清空只需一项操作。删除一个字典用 del 命令(执行 del 操作后字典不再存在)，通过 for 循环可以遍历字典(可包括遍历字典的键、遍历字典的值、遍历字典的项及键/值对)，还可以通过 in 或 not in 判断某个键是否存在于字典中。

字典的标准操作符有-、<、>、<=、>=、==、!=、and、or、not，字典的内置函数及常用操作见表 4-1。

表 4-1　字典的内置函数及常用操作

内置函数	操作
len()	计算字典元素的个数，即键的总数
str()	输出字典，并以可打印的字符串表示
type()	返回输入的变量类型
radiansdict.clear()	删除字典内所有元素
radiansdict.copy()	返回一个字典的浅拷贝
radiansdict.fromkeys()	创建一个新字典，以序列 seq 中元素做字典的键，val 为字典所有键对应的初始值
radiansdict.get(key, default=None)	返回指定键的值，如果值不在字典中返回 default 值
key in dict	如果键在字典 dict 里返回 True，否则返回 False
radiansdict.items()	以列表返回可遍历的(键/值)元组数组
radiansdict.keys()	返回一个迭代器，可以使用 list() 来转换为列表
radiansdict.setdefault(key, default=None)	和 get()类似, 但如果键不存在于字典中，将会添加键并将值设为 default
radiansdict.update(dict2)	把字典 dict2 的键/值对更新到 dict 里
radiansdict.values()	返回一个迭代器，可以使用 list() 来转换为列表
pop(key[,default])	删除字典给定键 key 所对应的值，返回值为被删除的值。Key 值必须给出。否则，返回 default 值
popitem()	随机返回并删除字典中的一对键和值(一般删除末尾对)
key():tuple	返回一个包含字典所有 key 值的元组
value():tuple	返回一个包含字典所有 value 值的元组
items():tuple	返回一个包含所有键/值的元组
clear():None	删除字典中的所有项目
get(key):value	返回字典中 key 对应的值
update(dict)	将字典中的键/值添加到字典中

例 4-10 字典的定义和访问。

```
>>>dims={'lon':120,'lat':25,'lev':500}
>>>print(dims)
{'lon':120,'lat':25,'lev':500}
>>>print(dims['lon'])
120
>>>dims
{'lon':120,'lat':'25','lev':500}
>>>dims['lev']=850            #修改字典 dims 的元素'lev'
>>>dims
{'lon':120,'lat':'25','lev':850}
>>>dims['time']=2019          #新增元组'time'
>>>dims
{'lon':120,'lat':'25','lev':850,'time':2019}
>>>del dims['lev']            #删除字典 dims 的元素'lev'
>>>dims
{'lon':120,'lat':'25','time':2019}
>>>dims.clear()               #清空字典 dims
>>>dims
{}
>>>del dims                   #删除字典 dims
>>>dims
Traceback(most recent call last):
  File"<stdin>",line 1,in<module>
NameError:name'dims'is not defined
```

4.1.5 集合

集合是一个无序的不重复元素的序列，可以使用大括号{ }或者 set()函数创建集合。注意：创建一个空集合必须用 set()而不是{ }，因为{ }是用来创建一个空字典。其创建格式为

param = {value01, value02, ...} 或者 set(value)

例 4-11　集合的定义。

```
>>>param={'lon','lev','lat','lev','time'}
>>>param
{'lat','lev','lon','time'}                    #无序、不重复
>>>type(param)
<class'set'>
```

集合也可进行元素的查询(in)、添加(add)、移除(remove)，以及集合元素个数的计算、集合的清空、集合的交、并、补等运算。详细的操作符见表 4-2。

表 4-2　集合的相关操作符

集合	操作
$A-B$	返回集合 A 中包含但集合 B 中不包含的元素
$A \mid B$	返回集合 A 或 B 中包含的所有元素
A & B	返回集合 A 和 B 中都包含的元素
A ^ B	返回不同时包含于 A 和 B 的元素
A.add(x)	将元素 x 添加到集合 A 中
A.remove(x)	将元素 x 从集合 A 中移除
len(A)	返回集合 A 的元素个数
A.clear()	清空集合 A
x in A	判断元素 x 是否在集合 A 中

4.2　函　　数

函数是指完成特定功能的一个语句组，可通过调用函数名来完成语句组的功能，通过给函数提供不同的参数来实现对不同数据的处理并得到相应结果。函数最重要的目的是方便我们重复使用一段相同的程序，从而降低编程的难度。将一些操作隶属于一个函数，当以后想实现相同的操作时，只需调用函数名就可以，而不需要重复输入所有的语句。Python 中的函数可分为两类：自定义函数，由用户自己编写的；系统自带的函数，或称为内置函数。在 Python 中，自定义函数可以保存成自定义库的形式，以方便使用者调用，这将在后面的章节中进行介绍。

4.2.1　内置函数

在数学上，函数是指一种对应关系，即给定一个输入就会有唯一输出。编程语言里的函数就是一块语句，这块语句有个名字，你可以在需要时反复地使用这

块语句对应的名字。它有可能需要输入，有可能会返回输出。Python 解释器内置了很多函数(表 4-3)，可在任何时候使用。

表 4-3 内置函数

内置函数				
abs()	delattr()	hash()	memoryview()	set()
all()	dict()	help()	min()	setattr()
any()	dir()	hex()	next()	slice()
ascii()	divmod()	id()	object()	sorted()
bin()	enumerate()	input()	oct()	staticmethod
bool()	eval()	int()	open()	str()
breakpoint()	exec()	isinstance()	ord()	sum()
bytearray()	filter()	issubclass()	pow()	super()
bytes()	float()	iter()	point()	tuple()
callable()	format()	len()	property()	type()
chr()	frozenset()	list()	range()	vars()
classmethod()	getattr()	locals()	repr()	zip()
compile()	globals()	map()	reversed()	__import__()
complex()	hasattr()	max()	round()	

4.2.2 自定义函数

Python 语言用关键字 def(define 的缩写)自定义函数，格式如下。

```
def function_name(a,b,c):                 #a,b,c 参数
    statement                             #函数体，函数功能描述
    return something                      #return 不是必需的
```

函数名 function_name 可以是任何有效的 Python 标识符。参数列表(a,b,c)是调用函数时传递给函数的值，其可以由多个、一个或者零个参数组成，多个参数时用逗号分隔，在定义函数时，称其为“虚参”。只在函数内部有效时调用函数，需要用“实参”(即实际应用中代入函数的参数)代替。函数体是指函数被调用时执行的代码，可以由多个或一个语句组成。函数调用的一般形式为

```
function_name(parameters)
```

例 4-12 中关键字 def 的作用是通知 Python 定义一个函数，函数的名称是 square_sum，括号中的 a, b 是函数的参数(虚参)。参数可以有多个(用逗号隔开)，也可以完全没有(但括号要保留)。

例 4-12　定义一个函数，其功能是计算任意两个数的平方和。

```
def square_sum(a,b):
    c=a**2+b**2          #这一句是函数内部进行的运算
    return c             #返回 c 的值，也就是输出的功能
```

注意：return 可以返回多个值，以逗号分隔。相当于返回一个 tuple(定值表)。

```
return a,b,c          #相当于 return(a,b,c)
```

在 Python 中，当程序执行到 return 时，程序将停止执行函数内余下的语句。return 并不是必需的，当没有 return 或者 return 后面没有返回值时，函数将自动返回 None。None 是 Python 中一个特别的数据类型，用来表示什么都没有，相当于 C 语言中的 NULL。None 多用于关键字参数传递的默认值。

4.2.3　自定义函数的调用和参数传递

定义函数后，就可以在后面的程序中使用这一函数，即将需要传入的参数值放在括号中，并用逗号隔开。要注意所提供参数值的数量和类型需要跟函数定义中的一致。如果这个函数不是你自己写的，你需要先了解它的参数类型，才能顺利调用它。

函数的调用执行可分为四个步骤：程序在调用函数处暂停执行；函数的虚参在调用时被实参代替；执行函数体；函数被调用结束，给出返回值。

return 语句是指示程序退出时被调用的函数，并返回到函数被调用的地方。该语句将返回的值传递给调用程序。Python 中可以返回一个值，也可以返回多个值，这里的值可以是变量也可以是表达式。无返回值的 return 语句等价于 return None。

例 4-13　函数的调用。

```
def square_sum(a,b):
    c=a**2+b**2
    return a,b,c
print(square_sum(5,3))          #函数的调用
```

```
(5,3,34)
```

Python 通过位置，知道 5 对应的是函数定义中的第一个参数 *a*，3 对应第二个参数 *b*，然后把参数传递给函数 square_sum()。函数经过运算，返回值(5, 3, 34)。

例 4-14 的第一个程序，我们将一个整数变量传递给函数，函数对它进行操作，但原整数变量 *a* 不发生变化。对于基本数据类型的变量，变量传递给函数后，函数会在内存中复制一个新的变量，从而不影响原来的变量。(此为值传递)

例 4-14 的第二个程序，我们将一个列表传递给函数，函数对它进行操作，原来的列表 *b* 发生变化。但是对于列表来说，列表传递给函数的是一个指针，指针

指向序列在内存中的位置，在函数中对列表的操作将在原有内存中进行，从而影响原有变量。(此为指针传递)

例4-14 值传递与指针传递。

代码	输出

a=5
def change_integer(a):
    a=a+1
    return a
print(change_integer(a))
print(a)
	
	6
	5

b=[1,2,3]
def change_list(b):
    b[0]=b[0]+1
    return b
print(change_list(b))
print(b)
	
	[2,2,3]
	[2,2,3]

4.2.4 递归函数

递归是指在函数定义中使用函数自身的方法，可通过阶乘来理解递归。下式给出了阶乘递归的定义。

$$n!=\begin{cases}1, & n=0\\ n(n-1)!, & n\neq 0\end{cases}$$

递归不是循环，阶乘的递归基于$0!=1$这个已知值。由此可以看出递归的特点：有一个或多个不需要再次递归的基值；必须有一个明确的递归结束条件成为递归出口。下面给出了阶乘递归函数的定义。

```
#-*-coding:utf-8-*-
def fact(n):
    if n==0:
        return 1
    else:
        return n*fact(n-1)
print(fact(4))
```

```
24
```

通过上述程序可知：每次调用递归都会引起新函数的开始，递归有本地值的副本，例如，在阶乘递归函数中，每次函数调用中相关的 n 值会在中途的递归链暂存，以便在函数返回时使用。

例 4-15　字符串的反转。

```
def reverse(str1):
    if str1=="":
        return str1
    else:
        return reverse(str1[1:])+str1[0]
str1="Hello World!"
print(reverse(str1))
```

```
!dlroW olleH
```

递归的优点：递归使代码看起来更加整洁、优雅；可以用递归将复杂的任务分解成更简单的子问题；使用递归比使用一些嵌套迭代更容易。

递归的缺点：递归的逻辑很难调试、跟进；递归调用的代价高昂(效率低)，因为占用了大量的内存和时间。

4.2.5　变量的作用域

程序的变量并不是在哪个位置都可以访问的，访问权限决定于这个变量是在哪里赋值的。变量的作用域决定了在哪一部分程序可以访问哪个特定的变量名称。Python 的作用域一共有 4 种，分别是 L(local)局部作用域、E(enclosing)闭包函数外的函数域、G(global)全局作用域和 B(built-in)内置作用域(内置函数所在模块的范围)。以 L→E→G→B 的规则查找，即在局部找不到，便会去局部外的局部找(如闭包)，再找不到就会去全局找，再者去内置中找。

Python 中只有模块(module)、类(class)及函数(def、lambda)才会引入新的作用域，其他的代码块(如 if/elif/else/、try/except、for/while 等)是不会引入新的作用域的，也就是说在这些语句内定义的变量，外部也可以访问。定义在函数内部的变量拥有一个局部作用域，定义在函数外的变量拥有全局作用域。局部变量只能在其被声明的函数内部访问，而全局变量可以在整个程序范围内访问。当调用函数时，所有在函数内声明的变量名称都将被加入作用域中。当内部作用域想修改外部作用域的变量时，就要用到 global(声明全局变量)和 nonlocal(声明外层的局部变量)关键字了。

例 4-16 global 和 nonlocal 关键字。

代码	输出

def out1():
    num=10
    def in2():
        nonlocal num #nonlocal 关键字声明
        num=100
        print(num)
    in2()
    print(num)
out1()
	100
	100

num=1
def fun1():
    global num #需要使用 global 关键字声明
    print(num)
    num=123
    print(num)
fun1()
print(num)
	1
	123
	123

4.2.6 模块

自定义函数可以设置成模块。模块是一个 Python 文件，以.py 结尾，它包含 Python 对象定义和 Python 语句。模块让编写者能够有逻辑地组织 Python 代码段。把相关的代码分配到一个模块里能让其代码更好用、更易懂。模块能定义函数、类和变量，也可包含可执行的代码。

例 4-17 将计算平均值、方差、标准方差的过程设置成模块，再进行调用计算某一列表的平均值、方差、标准方差。

首先，创建自定义模块 stadv.py。

```
#-*-coding:utf-8-*-
def avg(l):
    return float(sum(l))/len(l)
def variance(l):
    ex=float(sum(l))/len(l)
    s=0
    for i in l:
        s+=(i-ex)**2
    return float(s)/len(l)
def stadvar(l):
    ex=float(sum(l))/len(l)
    s=0
    for i in l:
        s+=(i-ex)**2
    return ((float(s)/len(l)))**(0.5)
```

其次，调用 stadv.py。

```
#-*-coding:utf-8-*-
#计算某一列表的平均值、方差、标准方差
import stadv
arr=[1,2,3,2,3,1,4]
print(stadv.avg(arr))
print(stadv.variance(arr))
print(stadv.stadvar(arr))
```

当自定义模块与调用程序在同一目录下时可直接用 import 调用模块，在不同的目录下调用时则较为麻烦，需要根据情况做相应操作，初学使用不推荐放在不同目录下。自定义模块也可通过打包-安装的方式在程序中调用。

自定义模块的打包-安装如下。

```
在同目录下创建 stadv.py 的安装说明文档 setup.py:
from distutils.core import setup
setup(
    name='stadv',                              #模块名称
    version='1.0.1',                           #版本号
    author='San.Zhang',                        #作者名称
    author_email='*********@qq.com',           #邮箱
```

```
    description='avg.variance.stadvar',        #模块功能描述
)
```

```
将 stadv.py 打包:
cd E:\stadv
E:\stadv> python setup.py sdist
#在同目录下看到 dist 文件夹和记录文件 MANIFEST 即操作成功
```

```
安装:
E: \stadv>python setup.py install
```

库可以理解为模块的集合，Anaconda 自带很多常用库，如有需要也可以通过相应库提供的代码或下载安装包的方式对第三方库进行安装。后面我们将介绍一些气象方面中科学计算常用到的库。

4.3 NumPy

前面介绍到的列表看起来很像 Fortran 的数组，但对大多数科学计算问题而言，列表太慢了，为了解决这一问题，必须引入 NumPy(Numerical Python)。NumPy 是 Python 语言的一个扩展程序库，主要用于数组计算，支持大量的维度数组与矩阵运算，它是一个运行速度非常快的数学库，包含一个强大的 *N* 维数组对象 ndarray、广播功能函数、整合 Fortran/C/C++代码的工具，它具有线性代数、傅里叶变换、随机数生成等功能。NumPy 是 SciPy(Scientific Python)、Pandas 等数据处理及科学计算库的基础，常和 Matplotlib 一起使用并进行数据的展示。

要利用 NumPy 的功能和属性，需要导入 NumPy 包。首先使用 pip/conda install numpy 进行库的安装，from numpy import *进行库的调用并查看是否安装成功。为节省输入，通常将 NumPy 作为别名导入，NumPy 的导入格式：import numpy as np(在模块文件中只需要导入一次)。

4.3.1 NumPy 的调试及 *N* 维数组对象 ndarray

查看 NumPy 是否安装成功。

```
>>>from numpy import*         #导入 NumPy 库
>>>eye(3)                     #生成对角矩阵
array([[1.,0.,0.,],
       [0.,1.,0.,],
       [0.,0.,1.,]])
```

N 维数组对象 ndarray 是一个多维数组对象，在程序中的别名为 array，由两部分组成：实际的数据和描述数据的元数据(即数据的维度、数据的类型等)。ndarray 数组一般要求：所有元素类型相同(性质相同)；下标从 0 开始。

```
>>>import numpy as np          #导入 NumPy 库，模块别名为 np
>>>a=np.array([1,2,3,4])       #np.array()生成一个 ndarray 数组
>>>a
array([1,2,3,4])
>>> print(a)                   #np.ndarray()输出为[]形式，元素用空格分隔
[1 2 3 4]
```

4.3.2　NumPy 的数据类型

科学计算涉及的数据较多，因此对存储和性能都有较高的要求，相应的 NumPy 支持的数据类型比 Python 内置的类型(整数、浮点数、复数)要多得多，基本可以和 C 语言的数据类型对应上，其中部分类型对应为 Python 内置的类型。对数组元素类型的精细定义，可使 NumPy 合理地使用存储空间并优化了程序的性能，这有助于用户对程序规模有合理的评估(注意：避开使用非同质的数组)。表 4-4 给出了常用 NumPy 的基本类型。

表 4-4　常用 NumPy 的基本类型

类型	描述
bool_	布尔型数据类型(True 或者 False)
int_	默认的整数类型(类似于 C 语言中的 long、int32 或 int64)
intc	与 C 的 int 类型一样，一般是 int32 或 int64
intp	用于索引的整数类型(类似于 C 的 ssize_t，一般情况下仍然是 int32 或 int64)
int8	字节长度的整数，取值：[-128, 127]
int16	16 位长度的整数，取值：[-32768, 32767]
int32	32 位长度的整数，取值：[-2147483648, 2147483647]
int64	64 位长度的整数，取值：[-9223372036854775808, 9223372036854775807]
uint8	8 位无符号整数，取值：[0, 255]
uint16	无符号整数(0～65535)
uint32	无符号整数(0～4294967295)
uint64	无符号整数(0～18446744073709551615)
float_	float64 类型的简写
float16	半精度浮点数，包括：1 个符号位，5 个指数位，10 个尾数位

续表

类型	描述
float32	单精度浮点数，包括：1 个符号位，8 个指数位，23 个尾数位
float64	双精度浮点数，包括：1 个符号位，11 个指数位，52 个尾数位
complex_	complex128 类型的简写，即 128 位复数
complex64	复数，表示双 32 位浮点数（实数部分和虚数部分）
complex128	复数，表示双 64 位浮点数（实数部分和虚数部分）实部（.real）+ j 虚部（.imag）

NumPy 的数值类型实际上是 dtype 对象的实例，并对应唯一的字符，包括 np.bool_、np.int32、np.float32 等。

数据类型对象（dtype）是用来描述与数组对应的内存区域是如何使用的，这依赖如下几个方面：数据的类型（整数、浮点数或者 Python 对象）；数据的大小（如整数使用多少个字节存储）；数据的字节顺序（小端法或大端法）；在结构化类型的情况下，字段的名称、每个字段的数据类型和每个字段所取的内存块的部分；如果数据类型是子数组，其形状和数据类型及字节顺序是通过对数据类型预先设定“<”或“>”来决定的。“<”意味着小端法（最小值存储在最小的地址，即低位组放在最前面），“>”意味着大端法（最重要的字节存储在最小的地址，即高位组放在最前面）。

dtype 对象是使用以下语法构造的：NumPy.dtype（object，align，copy）。其中，object 为要转换的数据类型对象；align 如果为 True，填充字段使其类似 C 的结构体；copy 复制 dtype 对象，如果为 false，则是对内置数据类型对象的引用。

例 4-18 dtype 应用举例。

代码	输出
#使用标量类型	
dt=np.dtype(np.int32)	
print(dt)	int32
#int8,int16,int32,int64 四种数据类型可以使用字符串'i1','i2','i4','i8'代替	
dt=np.dtype('i4')	
print(dt)	int32
#字节顺序标注	
dt=np.dtype('<i4')	
print(dt)	int32

#首先创建结构化数据类型	
dt=np.dtype([('age',np.int8)])	
print(dt)	[('age','i1')]
#将数据类型应用于 ndarray 对象	
dt=np.dtype([('age',np.int8)])	
a=np.array([(10,),(20,),(30,)],dtype=dt)	
print(a)	
#类型字段名可以用于存取实际的 age 列	[(10,)(20,)(30,)]
dt=np.dtype([('age',np.int8)])	
a=np.array([(10,),(20,),(30,)],dtype=dt)	
print(a['age'])	
#定义一个结构化数据类型 student，包含字符串字段 name，整数字段 number，及浮点字段 marks，并将这个 dtype 应用到 ndarray 对象	[10 20 30]
student=np.dtype([('name','S20'), ('number','i4'), ('scores','f4')])	[('name','S20'),('age','i4'),('scores','<f4')]
print(student)	
student=np.dtype([('name','S20'),('number','i4'),('scores','f4')])	
a=np.array([('wang',201901,50),('zhang',201902,75)],dtype=student)	[(b'wang',201901,50.)(b'zhang',201902,75.)]
print(a)	#b:numpy 中 str 默认为 byte 格式

4.3.3　数组的创建

(1)利用现有列表、元组等类型，使用 NumPy 的数组函数 array()进行数组的

创建。其格式为

```
ndarray = np.array(list/tuple[, dtype=n[.float32])
```

数组函数将数据类型与列表的内容相匹配。注意：列表的元素必须可以转换为相同的类型，数组函数才能正常工作。有时需要确保数组元素属于某种类型，这需要通过关键字 dtype 的设置来强制数组使用某种类型。常见的 dtype 类型代码有：d(双精度浮点数)、f(单精度浮点数)、i(短整数)、l(长整数)。

(2)使用 NumPy 中的函数[如 zeros()、arange()等]创建数组。

实际情况常需要创建给定大小和形状的数组，但事先并不知道数组元素的值。这需要用 empty()空数组创建函数、zeros()零值数组创建函数等来达到。函数将数组的形状(元组或列表)作为单个位置输入参数。如果需指定数据类型，则要用到 dtype，其格式为

```
np.array(object, dtype = None, order = 'F')
np.empty(shape, dtype = float, order = 'C')
np.zeros(shape, dtype = float, order = 'C')
```

其中，object 为数组；shape 描述数组形状，整数或者整型元组定义返回数组的形状；dtype 描述数据类型(可选项)，默认为 np.float64；order(可选项)有“C”和“F”(Fortran)两个选项，分别代表行优先和列优先，即数据在计算机内存中存储元素的顺序。

需要创建与输出相对应的另一个数组，其元素要求从 0 开始并以某一步长向上(或向下)递增(减)。arange()函数提供了这个功能，例如，需制定数据类型，可选择 dtype 关键字参数。格式：

```
np.arange([start,] stop[, step, dtype])
```

例 4-19 利用现有的列表结合 NumPy 的数组函数创建数组。

代码	输出
import numpy as np mylist=[[2,3,-5],[21,-2,1]] a=np.array(mylist) print(a)	[[2 3 -5] [21 -2 1]]
mylist=[[2.5,3,-5.3],[21,-2.171894358,1]] a=np.array(mylist,dtype='f')	[[2.5 3. -5.3] [21. -2.1718943 1.]]
print(a) a=np.array(mylist,dtype='i')	[[2 3 -5] [21 -2 1]]

print(a)	
b=np.zeros((3,2),dtype='d') print(b) c=np.zeros([2,4],dtype='i') print(c)	[[0. 0.] [0. 0.] [0. 0.]] [[0 0 0 0] [0 0 0 0]]
d=np.arange(0,-10,-2) print(d) d=np.arange(10.0) print(d) d=np.arange(10.0,dtype='i') print(d)	[0 -2 -4 -6 -8] [0 1. 2. 3. 4. 5. 6. 7. 8. 9.] [0 1 2 3 4 5 6 7 8 9]
a=b'Hello World' b=np.frombuffer(a,dtype='S1') print(b)	[b'H'b'e'b'l'b'l'b'o'b''b'W' b'o'b'r'b'l'b'd']

NumPy 提供的其他创建数组的函数，见表 4-5。

表 4-5　NumPy 提供的其他创建数组的函数

生成函数	描述
ones	返回特定大小，以 1 填充的新数组 np.ones(shape, dtype = None, order = 'C')
full	根据 shape 生成一个数组，每个值都是 val：np.full(shape, val)
ones_like	根据数组 *a* 的形状，生成一个新的全 1 数组：np.ones_like(a)
zeros_like	根据数组 *a* 的形状，生成一个全 0 数组：np.zeros_like(a)
full_like	根据数组 *a* 的形状，生成一个全 val 值数组：np.full_like(a,val)
eye	创建一个 $N×N$ 的单位矩阵(对角线为 1，其余为 0)： np.eye(N, M=None, k=0, dtype=<class 'float'>, order='C')
asarray	array 和 asarray 的作用相同，其主要区别就是当数据源是 ndarray 时，array 仍然会 copy 出一个副本，占用新的内存，但 asarray 不会 np.asarray(a, dtype=None, order=None)

续表

生成函数	描述
frombuffer	用于实现动态数组，接受 buffer 输入参数，以流的形式读入并转化成 ndarray 对象 np.frombuffer(buffer, dtype = float, count = -1, offset = 0)
fromiter	从可迭代对象中建立 ndarray 对象，返回一维数组 np.fromiter(iterable, dtype, count = -1)
linspace	此函数类似于 arange() 函数。在此函数中，指定了范围之间的均匀间隔数量，而不是步长。此函数的用法如下： np.linspace(start, stop, num=50, endpoint=True, retstep=False, dtype=None)
logspace	此函数返回一个 ndarray 对象，其中包含在对数刻度上均匀分布的数字。刻度的开始和结束端点是某个底数的幂，通常为 10： np.logspace(start, stop, num=50, endpoint=True, base=10.0, dtype=None)
concatenate	将两个或多个数组合并成一个新的数组 np.concatenate()

表 4-5 中，shape 为空数组的形状，整数或整数元组；dtype(可选)为所需的输出数组类型；order(可选)有两种类型，“C”为按行的 C 风格数组，“F”为按列的 Fortran 风格数组；buffer 可以是任意对象，会以流的形式读入，当其是字符串时，Python3 默认 str 是 Unicode 类型，所以要转成 bytestring 在原 str 前加上 b；count 为读取的数据数量，默认为-1，即读取所有数据；offset 为读取的起始位置，默认为 0；iterable 为可迭代对象；start(可选)为序列的起始值，默认为 0；stop 为序列的终止值(不包含在内)，如果 endpoint 为 True，该值包含于序列中，反之不包含，默认是 True；step 默认为 1；num 为要生成的等间隔样例数量，默认为 50；retstep 如果为 True，生成的数组中会显示间距，反之不显示；base 为对数 log 的底数。

4.3.4 数组索引和切片

我们可以通过索引或切片来访问和修改数组元素。索引：获取数组中待定位置元素的过程；切片：获取数组元素子集的过程。

一维数组的索引和列表一致，数组元素的地址是从零开始的。因此一维数组的第一个元素地址是[0]，第二个元素地址是[1]，以此类推。此外，也可以从尾部开始引用元素，[-1]是一维数组的最后一个元素。

一维数组的切片和列表的切片遵循相似的规则：范围中的元素地址用“:”分隔；下限包含在内，上限不包括；如果省略其中一个限制，则范围扩展到数组的起始或末尾(如省略了下限，则范围延伸到数组的最开始)；如需制定所有元素，单独使用“:”。此外，也可以通过内置 slice() 函数，设置 start、stop 及 step 参数，从原数组中切割出一个新的数组。

例 4-20　数组的索引和切片。

import numpy as np	
mylist=np.array([1,2,3,4,5,6,7,8,9])	
print(mylist[2])	
print(mylist[1:5])	3
print(mylist[2:])	[2 3 4 5]
print(mylist[:])	[3 4 5 6 7 8 9]
print(mylist[:8])	[1 2 3 4 5 6 7 8 9]
print(mylist[:11])	[1 2 3 4 5 6 7 8]
newlist=slice(1,4,1)	[1 2 3 4 5 6 7 8 9]
print(mylist[newlist])	
	[2 3 4]

对于多维数组，每个维度需要一个索引值，不同维度之间的索引用逗号分隔。最快变化的维度始终是最后一个索引，次之最快变化的维度是倒数第二个索引，以此类推。切片规则也适用于每个维度(如冒号表示选择该维度中的所有元素)，每个维度的切片方法与一维数组相同。切片还可以包括省略号“…”，以此使选择元组的长度与数组的维度相同。如果在行位置使用省略号，它将返回包含行中元素的数组。

例 4-21　多维数组的操作。

import numpy as np	6
mylist=np.array([[1,2,3,1],[4,5,6,2],[7,8,9,3]])	[3 6 9]
print(mylist[1,2])	[4 5 6 2]
print(mylist[:,2])	[[1 2 3 1]
print(mylist[1,:])	[4 5 6 2]
print(mylist[:,:])	[7 8 9 3]]
print(mylist[1,1:3])	[5 6]
print(mylist[1,...])	[4 5 6 2]
Print(mylist[...,1])	[2 5 8]

例 4-22　创建一个 4×5 的单精度的矩阵数组，各元素为零。对例 4-21 的 *a* 数组进行索引练习。

代码	输出
`import numpy as np`	`[[0. 0. 0. 0. 0.]`
`b=np.zeros((4,5),dtype='d')`	` [0. 0. 0. 0. 0.]`
`print(b)`	` [0. 0. 0. 0. 0.]`
`a=np.array([[1,2,3,4,1],[5,6,7,9,2],[8,11,12,10,3]])`	` [0. 0. 0. 0. 0.]]`
`print(a[:,3])`	
`print(a[1,2:3])`	`[ 4  9 10]`
`print(a[1:,2])`	`[7]`
	`[ 7 12]`

NumPy 可比一般的 Python 序列提供更多的索引方式，除之前看到的用整数和切片的索引外，数组还可以由整数数组索引、布尔索引及花式索引。

4.3.5　数组查询及操作

Ndarray 对象的属性包含五部分：秩(rank，即轴的数量或维度的数量，用.ndim 查看)、形状(ndarray 对象的尺度，对于矩阵而言，就是其行列数，用.shape 查看)、大小(ndarray 对象元素的个数，用.size 查看)、类型(ndarray 对象元素的类型，用.dtype 查看)、元素的大小(ndarray 对象每个元素的大小，以字节为单位，用.itemsize 查看)。

数组(即 ndarray 对象)的上述相关信息(数组的形状、级别、大小和类型)可以通过作用于数组的函数来获得。查询数组(ssta)信息的函数见表 4-6。数组的查询函数有利于灵活地编写程序。

表 4-6　数组查询函数

函数	操作
np.shape(ssta),ssta.shape	返回数组的形状，即数组各维的长度
np.rank(ssta), ssta.ndim, np.ndim(ssta)	返回数组的级别，即数组维数
np.size(ssta), ssta.size	返回数组的大小，即数组元素的个数
ssta.dtype.char	返回数组的类型
ssta.itemsize	以字节的形式返回数组中每一个元素的大小
ssta.dtype	返回数组元素的类型

续表

函数	操作
ssta.flags	返回数组的内存信息
ssta.real	返回数组元素的实部
ssta.imag	返回数组元素的虚部
ssta.data	包含实际数组元素的缓冲区，由于一般通过数组的索引获取元素，所以通常不需要使用这个属性

例 4-23　数组属性的查询。

```
>>>import numpy as np
>>>ssta=np.array([[110,120],[-10,10],[11,12
]])
>>>print(np.ndim(ssta))
2
>>>print(np.shape(ssta))
(3,2)
```

```
>>>print(np.size(ssta))
6
>>>print(ssta.dtype.char)
1
>>>print(ssta.dtype)
int32
```

除查询数组的相关信息外，NumPy 还提供了许多操作数组的函数，如转置(A.T)、修改数组元素、修改数组形状(reshape、resize、swapaxes、flatten)、转换数组的类型(astype)、数组向列表转换(tolist)、展开[np.ravel(a)]等。用户可通过查阅官网或使用 help 功能了解相应的详细信息。

NumPy 对不同形状的数组进行数值计算的方式称为广播(broadcast)。对数组的算术运算通常在相应的元素上进行。如果两个数组 A 和 B 形状相同，即满足 A.shape=B.shape，那么 A*B 的结果就是数组 A 与 B 对应的元素相乘。这就要求其维数相同，且各维度的长度相同。当参与运算中的 2 个数组的形状不同时，NumPy 将自动触发广播机制。

广播的规则：让所有输入数组都向其中形状最长的数组看齐，形状中不足的部分都通过在前面加 1 补齐；输出数组的形状是输入数组形状的各个维度上的最大值；当输入数组的某个维度和输出数组对应维度的长度相同或者其长度为 1 时，这个数组能够用来计算，否则出错；当输入数组的某个维度的长度为 1 时，那么沿着此维度运算时都用此维度上的第一组值。

例 4-24　数组的算术运算及操作。

```
import numpy as np
```

```
[[ 5  7  9]
```

<table>
<tr><td>

```
A=np.array([[1,2,3],[4,5,6]])
B=np.array([[4,5,6],[7,8,9]])
C=A+B
print(C)
B=np.array([7,8,9])
print(A+B)
B=np.array([[1],[2]])
print(A+B)
BB=np.tile(B,(1,3))
print(BB)
print(A+BB)



print(np.reshape(A,(3,2)))
print(np.transpose(A))
print(np.ravel(A))
B = np.array([[4, 5, 6], [7, 8, 9]])
print(np.concatenate((A,B)))
C=A.astype('f')
print(C)
```

</td><td>

```
 [11 13 15]]
[[ 8 10 12]
 [11 13 15]]
[[2 3 4]
 [6 7 8]]
[[1 1 1]
 [2 2 2]]
[[2 3 4]
 [6 7 8]]
[[1 2]
 [3 4]
 [5 6]]
[[1 4]
 [2 5]
 [3 6]]
[1 2 3 4 5 6]
[[1 2 3]
 [4 5 6]
 [4 5 6]
 [7 8 9]]
[[1. 2. 3.]
 [4. 5. 6.]]
```

</td></tr>
</table>

NumPy 迭代器对象 np.nditer 提供了一种灵活访问一个或者多个数组元素的方式。迭代器最基本的任务是可以完成对数组元素的访问。控制遍历顺序：for x in np.nditer(a, order='F')，Fortran order 即是列序优先；for x in np.nditer(a.T, order='C')，C order 即是行序优先。Nditer 对象有另一个可选参数 op_flags。默认情况下，nditer 将视待迭代遍历的数组为只读对象(read-only)，为了在遍历数组的同时实现对数组元素值的修改，必须指定 read-write 或者 write-only 的模式。

例4-25 以 Fortran 形式遍历数组元素，修改数组元素。

<table>
<tr>
<td>

```
import numpy as np
a=np.arange(0,60,5)
a=a.reshape(3,4)
print('原始数组是：')
print(a)
print('\n')
print('原始数组的转置是：')
b=a.T
print(b)
print('\n')
print('以 F 风格顺序排序：')
c=b.copy(order='F')
print(c)
for x in np.nditer(c):
    print(x,end=",")
print('\n')
print('以 F 风格顺序排序：')
for x in np.nditer(b,order='F'):
    print(x,end=",")
print('\n')
for x in np.nditer(a,op_flags
=['readwrite']):
      x[...]=2*x
print('修改后的数组是：')
print(a)
```

</td>
<td>

```
原始数组是：
[[ 0  5 10 15]
 [20 25 30 35]
 [40 45 50 55]]
原始数组的转置是：
[[ 0 20 40]
 [ 5 25 45]
 [10 30 50]
 [15 35 55]]
以 F 风格顺序排序：
[[ 0 20 40]
 [ 5 25 45]
 [10 30 50]
 [15 35 55]]
0,5,10,15,20,25,30,35,40,45,50,55,
以 F 风格顺序排序：
0,5,10,15,20,25,30,35,40,45,50,55,

修改后的数组是：
[[  0  10  20  30]
 [ 40  50  60  70]
 [ 80  90 100 110]]
```

</td>
</tr>
</table>

在大气中经常处理网格数据，那么就有必要强调 meshgrid()这个非常实用的函数。其格式为[X,Y] = meshgrid(x,y)，作用：接收两个一维数组，并产生两个二

维数组[对应于两个数组中所有的(x,y)对]。(将向量$\boldsymbol{x}$和$\boldsymbol{y}$定义的区域转换成矩阵$\boldsymbol{X}$和$\boldsymbol{Y}$，其中矩阵$\boldsymbol{X}$的行向量是向量$\boldsymbol{x}$的简单复制，而矩阵$\boldsymbol{Y}$的列向量是向量$\boldsymbol{y}$的简单复制。)

例 4-26 meshgrid 函数的应用举例。

import numpy as np import matplotlib.pyplot as plt x=np.array([0,45,90,135,180,225,270,315,360]) y=np.array([-90,-45,0,45,90]) X,Y=np.meshgrid(x,y)	[[0 45 90 135 180 225 270 315 360] [0 45 90 135 180 225 270 315 360] [0 45 90 135 180 225 270 315 360] [0 45 90 135 180 225 270 315 360] [0 45 90 135 180 225 270 315 360]] [[-90 -90 -90 -90 -90 -90 -90 -90 -90] [-45 -45 -45 -45 -45 -45 -45 -45 -45] [0 0 0 0 0 0 0 0 0]
print(X) print(Y)	[45 45 45 45 45 45 45 45 45] [90 90 90 90 90 90 90 90 90]]

plt.plot(X, Y,
color='red', #全部点设置为红色#
marker='.', #点的形状为圆点#
markersize=10, #点大小设置#
linestyle='') #线型为空，也即点与点之间不用线连接#
linestyle='-.') #线型为点划线#
plt.grid(True)
plt.show()
	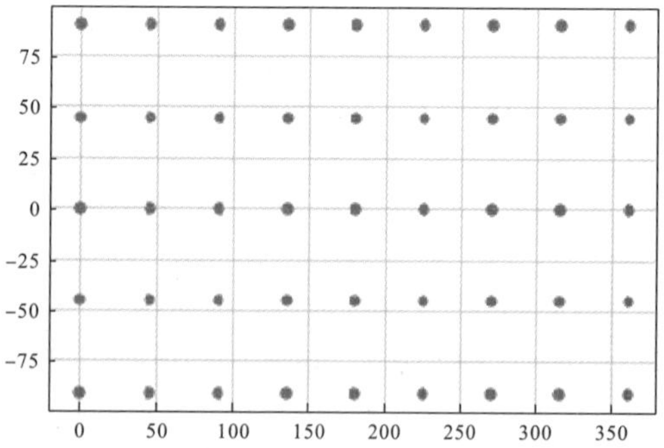

4.3.6　数组的计算

前面介绍了如何制作数组、查询数组的信息、如何操作数组及数组元素的索引等。但我们最关心的是用数组进行计算。下面我们将首先从循环的角度，介绍按元素排列进行数组计算。这类似于传统 Fortran 编程中循环的使用方式。

用循环(for)对数组进行算术运算的方法就是通过循环逐个查询数组元素，执行相应操作并将结果保存在结果数组中。

例 4-27　通过 for 循环实现两个数组相乘。注：arange()函数。

代码	输出
import numpy as np	
x=np.array([[1,2],[3,4]])	
y=np.array([[0.5,2.],[0.5,2]])	
shape_x=np.shape(x)	
product_xy=np.zeros(shape_x,dtype='f')	[[1 2]
for i in np.arange(shape_x[0]):	[3 4]]
for j in np.arange(shape_x[1]):	[[0.5 2.]
product_xy[i,j]=x[i, j]*y[i, j]	[0.5 2.]]
print(x,'\n',y,'\n',product_xy)	[[0.5 4.]
	[1.5 8.]]
xy=x*y	[[0.5 4.]
print(xy)	[1.5 8.]]

注意：例 4-27 假设两个数组的形状是相同的，但应该添加一个检查，可用 if 语句来进行：np.shape(x) != np.shape(y)。逻辑比较和布尔运算的灵活应用会使程序变得更加顺畅。

数组运算的第二种方法：数组语法。其基本思想是：数组可以作为一个整体进行处理，操作元素的循环不需要明确写出。举例见例 4-28 和例 4-29。

例 4-28 数组语句的应用。注意：数据类型的变化。

代码	输出
import numpy as np x=np.array([[1,2],[3,4]]) y=x*2 z=x+y w=z*2.5 print(x,'\n',y,'\n',z,'\n',w)	[[1 2] [3 4]] [[2 4] [6 8]] [[3 6] [9 12]] [[7.5 15.] [22.5 30.]]

例 4-29 根据温度和气压计算位温。$\theta = T\left(\frac{p_0}{p}\right)^{\kappa}$，其中 $p_0 = 1000\text{hPa}$；$\kappa = 0.286$。

#循环结构	#数组语句

import numpy as np
def theta(p,T,p0=1000.0,kappa=0.286):
    shape_input=np.shape(p)
    output=np.zeros(shape_input,dtype='f')
    for i in np.arange(shape_input[0]):
        for j in np.arange(shape_input[1]):
            output[i,j]=T[i,j]*(p0/p[i,j])**(kappa)
    return output
	import numpy as np
	def theta(p,T,p0=1000.0,kap=0.286):
	    return T*(p0/p)**(kap)

相较于循环方式，数组语句的主要优点体现在三方面：①自动检查操作数组形状的兼容性；②相同的代码适用于任何等级的数组；③数组语句比使用循环更快、更简单。

加强注释的应用，除#外，还可使用 docstring 进行文档的记录(由三重引号设置“ “ “　” ” ”)。

例 4-30　计算某一序列的平均值、方差、标准差。

import numpy as np a=np.array([[1,2,3],[4,5,6]]) b=np.mean(a) c=a-b d=c**2 e=np.mean(d) f=np.sqrt(d) print(e,f)	import numpy as np a=np.array([[1,2,3],[4,5,6]]) g=np.std(a) print(g) h=np.var(a) print(h)
2.9166666666666665 [[2.5 1.5 0.5] [0.5 1.5 2.5]]	1.707825127659933 2.9166666666666665

NumPy 提供了众多的数学计算相关的函数[如 abs()，sqrt()，cos()，mod()等]。这些函数均可通过官网进行相应的查询。

4.3.7　数组内部的操作

在科学计算中，常涉及对数组中满足某些条件值的元素进行操作。例如，检查是否有缺测值，如果存在将不进行相应计算。如需要遍历数组进行某些操作，Python 中有几种方法可以达到要求。第一种是在循环中实现；第二种是使用数组语句，并利用比较运算符和专门的 NumPy 搜索函数。

1. 循环中实现

循环中实现的基本思想是：在 for 循环中嵌套一个标准的 if 条件语句。

例 4-31　给定一个 4×5 的二维数组 *A*，求：(1)数组所有元素的和及平均值；(2)保留所有大于平均值的元素，其余元素清零。

$$A=\begin{bmatrix} 2 & 6 & 4 & 9 & -13 \\ 5 & -1 & 3 & 8 & 7 \\ 12 & 0 & 4 & 10 & 2 \\ 7 & 6 & -9 & 5 & 3 \end{bmatrix}$$

<table>
<tr>
<td>

```
import numpy as np
A=np.array([[2,6,4,9,-13],[5,-1,3,8
,7],[12,0,4,10,2],[7,6,-9,5,3]])
print(A)
a=np.mean(A)
b=np.sum(A)
print(a,b)
shape_A=np.shape(A)
output=np.zeros(shape_A,dtype='f')
for i in np.arange(shape_A[0]):
    for j in np.arange(shape_ A[1]):
        if(A[i,j]<=a):
            output[i,j]=0.
        else:
            output[i,j]=A [i,j]
print(output)
```

</td>
<td>

```
[[  2   6   4   9 -13]
 [  5  -1   3   8   7]
 [ 12   0   4  10   2]
 [  7   6  -9   5   3]]
3.5 70
[[ 0.  6.  4.  9.  0.]
 [ 5.  0.  0.  8.  7.]
 [12.  0.  4. 10.  0.]
 [ 7.  6.  0.  5.  0.]]
```

</td>
</tr>
</table>

2. NumPy 数组语句

NumPy 数组语句的基本思想是：结合比较运算符和布尔数组函数，可以对元素和数组进行查询、选择和其他处理。首先了解 NumPy 提供的比较运算符和布尔数组函数。

NumPy 标准的比较操作符(>、<、==、>=、<=、!=等)与之前介绍的基本一致。当然也可以由数组上的比较运算符(np.greater，np.equal，np.greater_equal 等)生成布尔数组，这些函数在 NumPy 数组上扮演着元素级的角色。有了布尔数值就可以进行布尔运算符的操作，这里必须使用 NumPy 函数进行数组布尔操作(np.logical_and，np.logical_or 等)。

例 4-32　数组语句进行数组元素的操作。

代码	输出
import numpy as np a=np.arange(10) print(a) print(a>5) print(np.greater(a,5)) print(np.logical_and(a>1,a<=3))	[0 1 2 3 4 5 6 7 8 9] [False False False False False False True True True True] [False False False False False False True True True True] [False False True True False False False False False False]

接下来讨论使用数组语法在数组中进行测试和选择的方法。其一是使用 where 函数，其二是对布尔数组进行算术操作。

where 语句实际上是一种带条件的数组语句，它只对某些符合条件的数组元素进行操作。此外，还可以使用 where 返回索引列表，进而提取满足条件的元素组成一个新的 1-D 数组。

```
np.where(<condition>,<value if True>,<value if False>)
```

其中，如果<condition>的元素为真，则在函数返回的数组中使用<value if True>的值填充对应的元素；如果<condition>的元素为假，则在函数返回的数组中使用<value if False>中的数值填充相应位置的元素。where 函数返回的数组的大小和形状与<condition>(布尔元素的数组)相同。

例 4-33　用数组语句的两种方法处理例 4-31 的问题。

代码	输出
import numpy as np A=np.array([[2,6,4,9,-13],[5,-1,3,8,7],[12,0,4,10,2],[7,6,-9,5,3]]) b=np.mean(A) print(A,'\n',b) condition=A>b output=np.where(condition,A*1.0,0) print(output)	[[2 6 4 9 -13] [5 -1 3 8 7] [12 0 4 10 2] [7 6 -9 5 3]] 3.5 [[0. 6. 4. 9. 0.] [5. 0. 0. 8. 7.] [12. 0. 4. 10. 0.] [7. 6. 0. 5. 0.]]
output_indices=np.where(condition) output=(A*1.0)[output_indices]	[6. 4. 9. 5. 8. 7. 12. 4. 10. 7. 6. 5.]

print(output) print(output_indices)	(array([0, 0, 0, 1, 1, 1, 2, 2, 2, 3, 3, 3], dtype=int32), array([1, 2, 3, 0, 3, 4, 0, 2, 3, 0, 1, 3], dtype=int32))
output=((A*1.0)*condition)+\ (0*np.logical_not(condition)) print(output)	[[0. 6. 4. 9. 0.] [5. 0. 0. 8. 7.] [12. 0. 4. 10. 0.] [7. 6. 0. 5. 0.]]

注：'\'为续行符。

例 4-34　已知 *u*、*v*，计算全风速。

import numpy as np
u=np.array([[2.,6.,4.,9.,-13.],[5.,-1.,3,8,7],\
          [12.,0.,4.,10.,2.],[7.,6.,-9,5,3]])
v=np.array([[2,6,4,9,-13],[5,-1,3,8,7],\
           [12,0,4,10,2],[7,6,-9,5,3]])
shape_u=np.shape(u)
output=np.ones(shape_u,dtype=u.dtype.char)
for i in np.arange(shape_u[0]):
      for j in np.arange(shape _u[1]):
            mag=((u[i,j]**2)+ (v[i,j]**2))**0.5
            if mag>4.0:
                 output[i,j]=mag
            else:
                 output[i,j]= 32766.
	[[3.27660000e+04
	  8.48528137e+00
	  5.65685425e+00
	  1.27279221e+01
	  1.83847763e+01]
	 [7.07106781e+00
	  3.27660000e+04
	  4.24264069e+00
	  1.13137085e+01
	  9.89949494e+00]
	 [1.69705627e+01
	  3.27660000e+04
	  5.65685425e+00
	  1.41421356e+01
	  3.27660000e+04]
	 [9.89949494e+00
	  8.48528137e+00
	  1.27279221e+01
	  7.07106781e+00
	  4.24264069e+00]]

print(output) mag=((u**2)+(v**2))**0.5 output=np.where(mag>4.0,mag,32766) print(output)	[[3.27660000e+04 8.48528137e+00 5.65685425e+00 1.27279221e+01 1.83847763e+01] [7.07106781e+00 3.27660000e+04 4.24264069e+00 1.13137085e+01 9.89949494e+00] [1.69705627e+01 3.27660000e+04 5.65685425e+00 1.41421356e+01 3.27660000e+04] [9.89949494e+00 8.48528137e+00 1.27279221e+01 7.07106781e+00 4.24264069e+00]]

4.3.8　NumPy 的读写

NumPy 可以读写磁盘上的文本数据或二进制数据。NumPy 为 ndarray 对象引入了一个简单的文件格式：npy。npy 文件用于存储重建 ndarray 所需的数据、图形、dtype 和其他信息。

常用的 load()和 save()函数是读写文件数组数据的两个主要函数，默认情况下，数组是以未压缩的原始二进制格式保存在扩展名为.npy 的文件中。savez()函数用于将多个数组写入文件，默认情况下，数组是以未压缩的原始二进制格式保存在扩展名为.npz 的文件中。loadtxt()和 savetxt()函数处理正常的文本文件(.txt 等)。注意：存储时可以省略扩展名，但读取时不能省略扩展名。

1. 函数 np.save()

函数 np.save()是将数组保存到以.npy 为扩展名的文件中。其格式为

```
np.save(filename, arr, allow_pickle = True, fix_imports = True)
```

其中，filename 为要保存的文件，扩展名为.npy，如果文件路径末尾没有扩展名，会被自动加上；arr 为要保存的数组；allow_pickle(可选)，布尔值，允许使用 Python pickle 保存数组对象，Python 中的 pickle 用于在保存到磁盘文件或从磁盘文件读取之前，对对象进行序列化和反序列化操作；fix_imports(可选)，为了在方便 Pyhton2 中读取 Python3 保存的数据。文件数据是二进制的格式，需要使用 load()函数来读取数据，其格式为：np.load(filename.npy)。

2. 函数 np.savez()

函数 np.savez()将多个数组保存到以.npz 为扩展名的文件中。其格式为

```
np.savez(filename, *args, **kwds)
```

其中，filename 为要保存的文件，扩展名为.npz，如果文件路径末尾没有扩展名.npz，该扩展名会被自动加上；args 为要保存的数组，可以使用关键字参数为数组起一个名字，非关键字参数传递的数组会自动起名为 arr_0，arr_1，…；kwds 为要保存数组使用的关键字名称。文件数据是二进制的格式，需要使用 load()函数来读取数据，其格式为：np.load(filename.npz)。

3. 函数 savetxt()

函数 savetxt()是以简单的文本文件格式存储数据的，对应地使用 loadtxt()函数来获取数据。其格式分别为

```
np.savetxt(filename, arr, fmt="%d", delimiter=",")
np.loadtxt(filename, dtype=int, delimiter=' ')
```

其中，filename 可以是文件、字符串或产生器，也可以是.gz 或.bz2 的压缩文件；arr 为存入文件的数组；fmt 为写入文件的格式，如%d、%.2f 或%.18e 等；delimiter 可以指定各种分隔符、针对特定列的转换器函数、需要跳过的行数等，默认是空格；dtype(可选)为数据类型；unpack 如果为 True，则读入属性将分别写入不同变量。注意：np.loadtxt()和 np.savetxt()只能有效存取一维和二维数组。

4. 任意维度数组如何存取

其可通过 tofile()函数来实现。其格式为

```
arr.tofile(filename, sep='', format='%s')
```

其中，filename 可以为文件、字符串；sep 为数据分隔的字符串，如果是空串，写

入的文件为二进制；format 为写入数据的格式。需使用 fromfile 函数来读取，其格式为

```
np.fromfile(filename,dtype=float,count=-1,sep='')
```

其中，filename 为文件或字符串；dtype 为读取数据的类型；count 为读入元素的个数，-1 为读入整个文件；sep 为数据分割字符串。注意：使用该方法读取文件数据时，需要知道存入文件时数组的维度和元素的类型，二者的配合使用可以通过原数据文件来存储额外信息。

例 4-35　NumPy 文件存取操作举例。

代码	输出
import numpy as np	
a=np.arange(10)	
print(a)	[0 1 2 3 4 5 6 7 8 9]
np.save('test', a)	
b=np.load('test.npy')	[0 1 2 3 4 5 6 7 8 9]
print(b)	
c=np.array([[1,2,3,7],[4,5,6,8]])	[[1 2 3 7]
print(c)	[4 5 6 8]]
x=np.arange(0,10,2)	
y=np.sin(x)	['sin_array','arr_0','arr_1'
np.savez("test.npz",c,x,sin_array=y)	]
r=np.load("test.npz")	[[1 2 3 7]
print(r.files)	[4 5 6 8]]
print(r["arr_0"])	[0 2 4 6 8]
print(r["arr_1"])	[0. 0.90929743
print(r["sin_array"])	-0.7568025 -0.2794155
print(a)	0.98935825]
np.savetxt('test.txt',a)	
b=np.loadtxt('test.txt')	[0 1 2 3 4 5 6 7 8 9]
print(b)	[0. 1. 2. 3. 4. 5. 6. 7.
x=np.arange(0,10,0.5).reshape(4,-1)	8. 9.]
print(x)　　#-1 是指列数未知，NumPy 自行计算	
np.savetxt("out.txt",x,fmt="%d",delimiter	[[0. 0.5 1. 1.5 2.]
=",")	[2.5 3. 3.5 4. 4.5]
y=np.loadtxt("out.txt",dtype=int,delimite	[5. 5.5 6. 6.5 7.]
r=",")　　#dtype 直接截取整数	[7.5 8. 8.5 9. 9.5]]

print(y)	[[0 0 1 1 2] [2 3 3 4 4] [5 5 6 6 7] [7 8 8 9 9]]

x=np.arange(20).reshape(2,5,2)
print(x)
	[[[0 1]
	  [2 3]
	  [4 5]
	  [6 7]
	  [8 9]]
	
	 [[10 11]
	  [12 13]
	  [14 15]
	  [16 17]
	  [18 19]]]

x.tofile('out.dat',sep=',',format='%d') y=np.fromfile('out.dat',dtype=float,count=-1,sep=',') print(y)	[0. 1. 2. 3. 4. 5. 6. 7. 8. 9. 10. 11. 12. 13. 14. 15. 16. 17. 18. 19.]

y=np.fromfile('out.dat',dtype=np.int,count=-1,sep=',').reshape(2,5,2)
print(y)
	[[[0 1]
	  [2 3]
	  [4 5]
	  [6 7]
	  [8 9]]

x.tofile('out2.dat',format='%d') y=np.fromfile('out2.dat',dtype=np.int).reshape(2,5,2) print(y)	[[10 11] [12 13] [14 15] [16 17] [18 19]]]

	[[[0 1] [2 3] [4 5] [6 7] [8 9]] [[10 11] [12 13] [14 15] [16 17] [18 19]]]

4.3.9　其他函数

NumPy 包含许多函数，可分为几部分：数学函数[sin()、cos())、算术函数(add()、subtract()]、统计函数(amin、amax、correlate、fft)、字符串函数[lower()、join()]、排序和条件筛选函数(sort、partition)、线性代数(dot、vdot)、梯度函数(gradient)、其他数组函数[np.linalg.svd、np.linalg.lstsq(lstsq(a, b, rcond='warn'))]等，其均可通过官网查询，或使用 NumPy 的 help 获得更多相应信息[如 help(np.std)]，这里不再详述。

在这一章，我们介绍了 Python 的内置数据结构(列表、元组、字典、集合)、函数及科学计算必不可少的 NumPy 库。函数类似于 Fortran 函数子程序的功能，可将重复出现的程序段定义为函数，之后根据需要调用即可，这充分简化了程序的编写过程。NumPy 库提供了类似 Fortran 等的数组处理功能，这使得编程变得更加简单、快捷。其可有效地满足大气、海洋等科学的相关数据分析计算的需求。此外，还会常用到 Pandas 库，Pandas 是 Python 处理数据的模块，是 NumPy 功能的扩展，尤其是在处理站点数据方面，Pandas 数据类似于 Fortran 的结构体数组，它有着显著的优势。有兴趣的用户可以通过官网(http://pandas.pydata.org)进行了解。

4.4　习　　题

1. 制作和更改列表。

2. 给定您的街道地址，并将其设为列表变量 myaddress，其中每个标记都是一个元素。(包括数字和单词字符串)

3. 提取列表 myaddress 中的数字并进行求和计算。

4. 将某一字符串更改为另一个（“Chengdu” 改为“Tianfu”）。

5. 改变列表元素的顺序：已知一列表为['grid', 'station', 'radar', 'satellite']，将“grid”调整到该列表的末尾。

6. 列表的其他操作：索引、查找等。

7. 已知东亚地区 2018 年夏季平均的 500hPa 各格点纬向风场和经向风场，分辨率为 2.5°×2.5°，计算并输出矢量风的大小和方向。(风速大小和方向)

8. 已知全国 160 站 1981～2010 年的逐月降水数据，计算并输出各站夏季多年的平均降水量。(气候态)

9. 计算 $n\times n$ 矩阵每个元素的平方和，使用自定义函数编写。

10. 自定义一个求两个矩阵乘积的函数，并调用该函数求矩阵 M 和 N 的积，设：

$$M=\begin{bmatrix}2.5 & 1.5 & 2.4 & 12\\3.8 & 4.5 & 24.5 & 5.9\\-45 & 23 & 0 & 34\end{bmatrix}\qquad N=\begin{bmatrix}3.2 & -7.8 & 5\\0 & -9.8 & 4.5\\2.5 & -56 & 210\\3.4 & 5.8 & 7.5\end{bmatrix}$$

11. 用梯形法计算下列函数在[-1,1]上的积分。

(1) $f(x)=3x^2+2x-15$；

(2) $g(x)=\dfrac{1}{1+x^2}$。

12. 当一个数各个数位的立方和等于这个数本身时，该数为水仙花数。求 10～999 的水仙花数。

13. 求矩阵 $M_{50\times 50}$ 的范数。矩阵范数定义为它各行元素绝对值的和的最大值，计算公式为 $\|M\|=\max\limits_{1\leqslant i\leqslant 50}\sum\limits_{j=1}^{50}|M_{ij}|$。

14. 给定一个年份，判断这一年是否为闰年，如果是闰年返回值为 True。

分析：当以下情况之一满足时，这一年为闰年：年份是 4 的倍数而不是 100 的倍数；年份是 400 的倍数。

15. 统计一段英文中每个单词出现的频率，输出最常出现的 10 个单词及次数，并绘图。

第5章　文　　件

前面介绍了键盘输入(input)和屏幕输出(print)的操作。但在科学计算的情况下，需要输入的数据和输出的结果所涉及的数据量是很大的，通过键盘或显示器实现输入和输出显然不是很方便，且以气象学数据处理为例，有许多待处理的数据均已形成了数据文件，需要从文件中读取数据，而这都涉及文件的操作。所谓文件，是指一组数据的集合，其由文件名来唯一标识。数据以文件的形式进行存储，操作系统以文件为单位对数据进行管理操作。文件的相关操作仍是一般高级语言普遍采用的数据管理方式。本章将主要介绍文件的基本操作，以及气象学中常见文件的读写操作等。

5.1　文件的打开与关闭

Python 提供了必要的函数和方法进行默认情况下的文件基本操作，可用 file 对象做大部分的文件操作。

5.1.1　open()函数

Python 内置的 open()函数可用于打开一个文件，并创建一个 file 对象，通过调用它来进行读写操作，这个 file 对象在 Python 中统称为 file-like object。open()函数的格式为

```
file_object = open(file_name[,access_mode][,buffering][,encoding]
            [,errors][,newline][,closefd][,opener])
```

其中，前 4 个参数是较为常用的，各参数的含义和用法如下。

file_name：file_name 变量是一个包含要访问文件名称(包含文件路径、相对或绝对路径均可)的字符串值，是必需的。

access_mode：access_mode 决定了打开文件的模式，只读、写入、追加等。所有可取值见完全列表(表 5-1)。这个参数是非强制的，默认文件访问模式为只读(r)。

buffering：设置缓冲的用途。如果将 buffering 的值设为 0，就不会有寄存；如果将 buffering 的值设为 1，那么访问文件时会寄存行；如果将 buffering 的值设

为大于 1 的整数，表明这就是寄存区的缓冲大小；如果设为负值，寄存区的缓冲大小则为系统默认。

encoding：用于指定文件的编码方式，默认采用 utf-8，编码方式主要是指文件中的字符编码。当打开一个文件时，内容全部是乱码，这是因为创建文件时采用的编码方式和打开文件时的编码方式不一样，这样就会造成字符显示错误，看上去就是乱码。Windows 系统默认是 gbk 编码，所以桌面生成的.txt 之类的文件都是 gbk 编码。

errors：报错命令。errors 的取值一般有 strict、ignore。当取 strict 时，字符编码出现问题的时候会报错；当取 ignore 时，编码出现问题，程序会忽略而过，继续执行下面的程序。

newline：区分换行符。newline 可以取的值有 None、\n、\r、''、'\r\n'，用于区分换行符，但是这个参数只对文本模式有效。

closefd：传入的 file 参数类型。默认情况下为 True，传入的 file 参数为文件的文件名；当取值为 False 时，file 只能是文件描述符。文件描述符就是一个非负整数，在 Unix 内核的系统中，打开一个文件，便会返回一个文件描述符。

表 5-1　不同模式打开文件的完全列表

模式	描述
t	文本模式(默认)
x	写模式，新建一个文件，如果该文件已存在则会报错
b	二进制模式
+	打开一个文件进行更新(可读可写)
U	通用换行模式(不推荐)
r	以只读方式打开文件。文件的指针将会放在文件的开头。这是默认模式
rb	以二进制格式打开一个文件用于只读。文件指针将会放在文件的开头。这是默认模式。一般用于非文本文件，如图片等
r+	打开一个文件用于读写。文件指针将会放在文件的开头。'r+' == r+w，可读可写，文件若不存在就报错(I/O Error)
rb+	以二进制格式打开一个文件用于读写。文件指针将会放在文件的开头。一般用于非文本文件，如图片等
w	打开一个文件只用于写入。如果该文件已存在，则打开文件，并从头开始编辑，即原有内容会被删除；如果该文件不存在，则创建新文件
wb	以二进制格式打开一个文件只用于写入。如果该文件已存在，则打开文件，并从头开始编辑，即原有内容会被删除；如果该文件不存在，则创建新文件。一般用于非文本文件，如图片等
w+	打开一个文件用于读写。如果该文件已存在，则打开文件，并从头开始编辑，即原有内容会被删除；如果该文件不存在，则创建新文件
wb+	以二进制格式打开一个文件用于读写。如果该文件已存在，则打开文件，并从头开始编辑，即原有内容会被删除；如果该文件不存在，则创建新文件。一般用于非文本文件，如图片等
a	打开一个文件用于追加。如果该文件已存在，文件指针将会放在文件的结尾。也就是说，新的内容将会被写到已有内容之后；如果该文件不存在，则创建新文件进行写入

续表

模式	描述
ab	以二进制格式打开一个文件用于追加。如果该文件已存在，文件指针将会放在文件的结尾。也就是说，新的内容将会被写到已有内容之后；如果该文件不存在，则创建新文件进行写入
a+	打开一个文件用于读写。如果该文件已存在，文件指针将会放在文件的结尾。文件打开时将会是追加模式；如果该文件不存在，则创建新文件用于读写
ab+	以二进制格式打开一个文件用于追加。如果该文件已存在，文件指针将会放在文件的结尾；如果该文件不存在，则创建新文件用于读写

5.1.2 file 对象的属性

文件被打开后，会有一个 file 对象，从中可以得到有关该文件的各种信息。表 5-2 给出了与 file 对象相关的所有属性。file-like object 不要求从特定类继承，只要写个 read() 方法就行。stringIO 就是在内存中创建的 file-like object，常用作临时缓冲。表 5-3 给出了 file 对象常用的函数及其说明。

表 5-2 与 file 对象相关的属性

属性	描述
file.closed	如果文件已被关闭返回 True，否则返回 False
file.mode	返回被打开文件的访问模式
file.name	返回文件的名称

表 5-3 file 对象常用的函数及其说明

函数	描述
file.close()	关闭文件。关闭后文件不能再进行读写操作
file.flush()	刷新文件内部缓冲，直接把内部缓冲区的数据立刻写入文件，而不是被动地等待输出缓冲区写入
file.fileno()	返回一个整型的文件描述符(file descriptor FD 整型)，可以用在如 os 模块的 read() 方法等一些底层操作上
file.isatty()	如果文件连接到一个终端设备返回 True，否则返回 False
file.next()	返回文件下一行
file.read([size])	从文件读取指定的字节数，如果未给定或为负则读取所有
file.readline([size])	读取整行，包括"\n"字符
file.readlines([sizeint])	读取所有行并返回列表，若给定 sizeint>0，则是设置一次读多少字节，这是为了减轻读取压力
file.seek(offset[, whence])	设置文件当前位置。(偏移量，单位为比特，可正可负。起始位置，0 为文件头，默认值；1 为当前位置；2 为文件尾)
file.tell()	返回文件当前位置

续表

函数	描述
file.truncate([size])	截取文件，截取的字节通过 size 指定，默认为当前文件位置
file.write(str)	将字符串写入文件，返回的是写入的字符长度
file.writelines(sequence)	向文件写入一个序列字符串列表，如果需要换行则要自己加入每行的换行符
for line in f: print(line)	通过迭代器访问

例 5-1 创建一个文件(test.txt)，并输出相应属性。

```
#-*-coding:utf-8-*-
#打开一个文件
f1=open("test.txt","w")
print("文件名:",f1.name)
print("是否已关闭:",f1.closed)
print("访问模式:",f1.mode)
```

```
文件名: test.txt
是否已关闭: False
访问模式: w
```

file.seek(offset[,whence=0])方法用来在文件中移动文件指针。offset 表示偏移多少。可选参数 whence 表示从哪里开始偏移，默认是 0 为文件开头，1 为当前位置，2 为文件尾部。

例 5-2 file.seek 的应用举例。

```
f=open("test1.txt","r+")
print(f.read())
f.write('1')
f.seek(0)  #文件指针从尾移到头(无此句 read()读不到正确内容)
print(f.read())
f.seek(0)
f.write('9')
f.seek(0)
print(f.read())
f.close()
```

```
123456
1234561
9234561
```

注意：这个文件指针的改变只是作用于“r+”才会在指定位置添加，如果是“w+”，那么 write()永远都是从开头写(会覆盖后面对应位置的内容)；如果是“a+”，那么 write()就永远都是从最后开始追加。

5.1.3　close()方法

file 对象通过 close()方法刷新缓冲区里任何还没写入的信息，并关闭该文件，关闭之后不能再进行写入操作。

当一个文件对象的引用被重新指定给另一个文件时，Python 会关闭之前的文件。用 close()方法关闭文件是一个很好的习惯。

close 的语法格式为：file_object.close()。

例 5-3　关闭文件操作。

代码	输出

`#-*-coding:utf-8-*-`
`#打开一个文件`
`f1=open("test.txt","w")`
`print("文件名:",f1.name)`
`print("是否已关闭:",f1.closed)`
`#关闭文件`
`f1.close()`
`print("文件名:",f1.name)`
`print("是否已关闭:",f1.closed)`
	文件名： test.txt
	是否已关闭： False
	
	文件名： test.txt
	是否已关闭： True

因为文件对象会占用操作系统的资源，并且操作系统同一时间能打开的文件数量也是有限的，所以文件使用完毕后必须关闭。

由于文件读写时都有可能产生 IOError，进而导致后面的 f.close()就不会被调用。所以，为了保证无论是否出错都能正确地关闭文件，可以使用 try……finally 来实现。

```
try:
    f=open('test.txt','r')
    print(f.name)
finally:
    if f:
        f.close()
print(f.closed)
```

每次使用 try……finally 相对比较烦琐，Python 引入了 with 语句来自动调用 close()，使用方法如下。

```
with open('test.txt','r')as f:
    print(f.name)
print(f.closed)
```

with 语句和 try……finally 是一样的，但代码更加简洁，并且不必采取调用 f.close()的方法。

5.2 文件的读写

以上介绍了文件的打开和关闭操作，接下来介绍文件的读(read)和写(write)操作。

5.2.1 read()方法

首先调用open()函数打开文件，在 open()函数中通过传入标识符“r”或者“rb”来表示读文本文件或读二进制文件。如果文件不存在，open()函数就会抛出一个“IOError”的错误，并且给出错误码和详细信息以告知文件不存在。

之后使用read()函数从一个打开的文件中读取一个字符串。需注意：Python 字符串可以是文字，也可以是二进制数据。read()函数的语法格式为：file_object.read([count])。在这里，被传递的参数 count 是要从已打开文件中读取的字节计数。该方法从文件的开头开始读入，如果没有传入 count，那么它会尝试尽可能多地读取更多的内容，很可能是直到文件的末尾。

例 5-4 打开文件 test.txt，读取并输出结果。

```
#-*-coding:utf-8-*-
#打开一个文件
f1=open("test.txt","r")
str=f1.read(10)
print("读取的字符串是:",str)
str=f1.read(10)
print("读取的字符串是:",str)
#关闭文件
f1.close()
```

```
读取的字符串是:Hello Worl
读取的字符串是:d!
```

调用 read()会一次性读取文件的全部内容，如果文件太大，就会提示内存不足或溢出。安全起见，可根据需要依据下述情况决定如何使用。

(1)在文件很小的情况下，使用 read()。

(2)在文件较大或是未知文件大小的情况下，可以采用反复调用 read(count)方法，每次最多读取 count 个字节的内容。

(3)如果是配置文件，调用 readlines()最方便，调用 readline()每次可以读取一行内容，这通常比 readlines()慢得多，当没有足够内存可以一次读取整个文件时，才应该使用 readline()。

(4)readlines()自动将文件内容分析成一个行的列表，该列表可以由 Python 的 for…in…结构进行处理，调用 readlines()一次读取所有内容并按行返回 list。

注意：readlines()方法并不会默认把“\n”去掉，需手动去掉。对于 read()和 readline()也把“\n”读入了，但是 print 时可以正常显示(因为 print 里的“\n”被认为是换行的意思)。

例 5-5　打开文件 test.txt，读取并输出结果。

```
#-*-coding:utf-8-*-
with open('test1.txt','r')as f1:
    list1=f1.readlines()
print(list1)
with open('test1.txt','r')as f1:
    list1=f1.readlines()

for i in range(0,len(list1)):
    list1[i]=list1[i].rstrip ('\n')
print(list1)
with open('test1.txt','r')as f1:
    list1=f1.read()
print(list1)
with open('test1.txt','r')as f2:
    list1=f2.readline()
print(list1)
```

```
['Hello,world!\n','Hello,world!
\n','Hello,world!\n','Hello,wor
ld!\n']
['Hello,world!','Hello,world!',
'Hello,world!','Hello,world!']
Hello,world!
Hello,world!
Hello,world!
Hello,world!

Hello,world!
```

例 5-6　读两个存放站点信息的文件，找出两个文件中具有相同信息的站点。

```
#coding:utf-8
import bisect

with open('test1.txt','r')as f1:
    list1=f1.readlines()
for i in range(0,len(list1)):
    list1[i]=list1[i].strip('\n')
with open('test2.txt','r')as f2:
```

```
    list2=f2.readlines()
for i in range(0, len(list2)):
    list2[i]=list2[i].strip('\n')

list2.sort()
length_2=len(list2)
same_data=[]
for i in list1:
     pos=bisect.bisect_left(list2,i)
     if pos<len(list2)and list2[pos]==i:
          same_data.append(i)
same_data=list(set(same_data))
print(same_data)
```

5.2.2　write()方法

写文件和读文件时文件打开的操作基本是一样的，唯一区别是当调用 open()函数时，传入标识符“w”或者“wb”表示写文本文件或写二进制文件。write()方法可将任何字符串写入一个打开的文件。需重点注意：Python 字符串不仅仅是文字，也可以是二进制数据。write()方法不会在字符串的结尾添加换行符(\n)。函数 write()的语法格式为：file_object.write(string)，其中 string 是要写入已打开文件的内容。

注意：当 access_mode='w'时，如果该文件不存在，系统就会创建一个文件；如果存在，就会先把原文件的内容清空再写入新的内容。所以不想清空原来的内容而是直接在后面追加新的内容，就用“a”这个模式。

例 5-7　创建文件，写入“Hello World！”后关闭文件。

```
#-*-coding:utf-8-*-
#打开一个文件
f1=open("test.txt","w")
f1.write("Hello World! ")
#关闭文件
f1.close()
```

可反复调用 write()来写入文件，但是务必要调用 close()来关闭文件。写文件时，操作系统通常不会立刻把数据写入磁盘，而是放到内存缓存起来，空闲的时候再慢慢写入。只有调用 close()方法时，操作系统才保证把没有写入的数据全部写入磁盘。忘记调用 close()的后果是可能只写了一部分数据到磁盘，而剩下的丢失了。安全起见，建议用 with 语句来完成相应操作。

```
#-*-coding:utf-8-*-
with open('test1.txt','w')as f2:
     f2.write('Hello,world!\n')
     f2.write('Hello,world!\n')
     f2.write('Hello,world!\n')
     f2.write('Hello,world!\n')
print(f2.closed)
```

除了 write()函数，Python 文件对象还提供了另一个“写”方法：writelines()。write()方法和 read()、readline()方法对应，是将字符串写入文件中。writelines()方法和 readlines()方法对应，也是针对列表的操作。它接收一个字符串列表作为参数，并将它们写入文件中，换行符不会自动加入，因此需要显式加入换行符。

```
f1=open('test-3.txt','w')
f1.writelines(["1","2","3"])
f1=open('test-31.txt','w')
f1.writelines(["1\n","2\n","3\n"])
```

5.2.3　字符编码

读取非 UTF-8 编码的文本文件，需要给 open()函数传入 encoding 参数，如读取 GBK 编码的文件。

```
>>>f=open('test.txt','r',encoding='gbk')
>>>f.read()
```

遇到有些编码不规范的文件，例如，你可能会遇到 Unicode Decode Error，因为在文本文件中可能夹杂了一些非法编码的字符。遇到这种情况，可用 open()函数的 errors 参数，它表示如果遇到编码错误后如何处理，最简单的方式是直接忽略，如下所示。

```
>>>f=open('test.txt','r',encoding='gbk',errors='ignore')
```

读取非 ASCII 编码的文本文件，就必须以二进制模式打开再解码，如 GBK 编码的文件。

```
>>>f=open('/Users/michael/gbk.txt','rb')
```

```
>>>u=f.read().decode('gbk')
>>>u
u'\u6d4b\u8bd5'
>>>print u
```

Python 提供了 codecs 模块帮我们在读文件时自动转换编码，直接读出 unicode。

```
import codecs
with codecs.open('/Users/michael/gbk.txt','r','gbk')as f:
    f.read()# u'\u6d4b\u8bd5'
```

如需写入特定编码的文本文件，可效仿 codecs 的示例，先写入 unicode，再由 codecs 自动转换成指定编码。

5.3 操作文件和目录

要操作文件、目录，可以在命令行下面输入操作系统提供的各种命令来完成，如 Linux 系统下的 dir、cp 等命令。那么，在 Python 程序中执行这些目录和文件的操作又该怎么办呢？

5.3.1 os 模块

Python 内置的 os 模块提供了非常丰富的方法用以处理文件和目录。常用方法及描述见表 5-4。

表 5-4 os 模块常用方法及描述

os 模块常用函数：文件路径相关(使用前要导入 os 模块：import os)	命令函数	描述
当前使用平台	os.name	返回当前使用平台的代表字符，Windows 用'nt'表示，Linux 用'posix'表示
当前路径和文件	os.getcwd()	返回当前工作目录
	os.listdir(path)	返回 path 目录下的所有文件列表
绝对路径	os.path.abspath(path)	返回 path 的绝对路径
系统操作	os.system()	运行 shell 命令
	>>>os.system('cmd')	Windows 下打开终端
	>>>os.system('ls')	Linux 下查看当前目录所有文件

续表

os 模块常用函数：文件路径相关(使用前要导入 os 模块：import os)	命令函数	描述
查看文件名或目录	os.path.split(path)	将 path 的目录和文件名分开为元组
	os.path.join(path1,path2,...)	将 path1、path2、…进行组合，若 path2 为绝对路径，则会将 path1 删除
	os.path.dirname(path)	返回 path 中的目录(文件夹部分)，结果不包含'\'
	os.path.basename(path)	返回 path 中的文件名
创建目录	os.mkdir(path)	创建 path 目录(只能创建一级目录，如'F:\XXX\WWW')，在 XXX 目录下创建 WWW 目录
	os.makedirs(path)	创建多级目录(如'F:\XXX\SSS')，在 F 盘下创建 XXX 目录，继续在 XXX 目录下创建 SSS 目录
删除文件或目录	os.remove(path)	删除文件(必须是文件)
	os.rmdir(path)	删除 path 目录(只能删除一级目录，如'F:\XXX\SSS'),只删除 SSS 目录
	os.removedirs(path)	删除多级目录(如'F:\XXX\SSS')，必须为空目录，删除 SSS、FFF 目录
更改路径	os.chdir(path)	将当前工作目录更改为指定路径 path
查看文件时间	os.path.getmtime(path)	返回文件或目录的最后修改时间，结果为秒数
	os.path.getatime(path)	返回文件或目录的最后访问时间，结果为秒数
	os.path.getctime(path)	返回文件或目录的创建时间，结果为秒数
查看文件大小	os.path.getsize(path)	返回文件的大小，若是目录则返回 0
查看文件	os.path.exists(path)	判断 path 是否存在，存在返回 True，不存在返回 False
	os.path.isfile(path)	判断 path 是否为文件，是返回 True，不是返回 False
	os.path.isdir(path)	判断 path 是否为目录，是返回 True，不是返回 False
表现形式参数	os.sep	返回当前操作系统特定的路径分隔符
	os.linesep	返回当前平台使用的行终止符
	os.extsep	返回文件名与扩展名的分隔符
获取文件和目录	os.walk(path)	递归返回 path 下的目录(包括 path 目录)、子目录、文件名的三元组
获得 shell 命令返回值	fp=os.popen(cmd)	打开命令 cmd 或从命令 cmd 打开管道，返回值是连接管道的文件对象
	rlt=fp.read()或 rlt=fp.readlines()	读取结果

打开 Python 交互式命令行，可查看 os 模块的基本功能：os.name 获得操作系统名字。如果是 posix，说明系统是 Linux、Unix 或 Mac OS X；如果是 nt，就是 Windows 系统。可以调用 uname()函数，获取详细的系统信息，uname()函数在

Windows 上不提供，也就是说，os 模块的某些函数是跟操作系统相关的。

```
>>>import os
>>>os.name
'nt'
>>>os.path
<module'ntpath'from'C:\\Anaconda3\\lib\\ntpath.py'>
>>>os.uname()
Traceback(most recent call last):
  File"<stdin>",line 1,in<module>
AttributeError:module'os'has no attribute'uname'
```

5.3.2 环境变量

在操作系统中定义的环境变量，全部保存在 os.environ 这个 dict 中，可在 Python 交互式命令行直接查看。

```
>>>os.environ
environ({'ALLUSERSPROFILE':'C:\\ProgramData','APPDATA':'C:\\Users\
\HP\\AppDat
a\\Roaming','ASL.LOG':'Destination=file','COMMONPROGRAMFILES':'C:\
\Program Files\\CommonFiles','COMPUTERNAME':'HP-PC','COMSPEC':'C:\\
Windows\\system32\\cmd.exe','CPU':'i386',…………})
>>>
```

如需获取某个环境变量的值，可以调用 os.getenv()函数。

```
>>>os.getenv('PATH')
'C:\\Anaconda3;C:\\Anaconda3\\Library\\mingw-w64\\bin;C:\\Anaconda3
\\Library\\us
r\\bin;C:\\Anaconda3\\Library\\bin;C:\\Anaconda3\\Scripts;…………'
```

5.3.3 操作文件和目录

需要注意的一点是，Python 操作文件和目录的函数一部分放在 os 模块中，一部分放在 os.path 模块中(表 5-4)。通过调用 abspath()、mkdir()、rmdir()等函数，进行查看、创建和删除目录的相关操作。

```
>>>os.path.abspath('.')                    #查看当前目录的绝对路径
'/Users/michael'
>>>os.path.join('/Users/michael','testdir') #在某个目录下创建新目录
'/Users/michael/testdir'                    #把新目录的完整路径表示出来
>>>os.mkdir('/Users/michael/testdir')       #然后创建一个目录
>>>os.rmdir('/Users/michael/testdir')       #删掉一个目录
```

用 chdir()函数来改变当前的目录。getcwd()函数显示当前的工作目录。当把两个路径合成一个时，需要通过 os.path.join()函数正确处理不同操作系统的路径分隔符。在 Linux/Unix/Mac 和 Windows 下，os.path.join()返回的字符串是有差别的。

Linux/Unix/Mac	Windows
part-1/part-2	part-1\part-2

拆分路径时，要通过 os.path.split()函数把一个路径拆分为两部分，后一部分总是最后级别的目录或文件名。os.path.splitext()可以直接得到文件扩展名，这在很多情况下非常方便。这些合并、拆分路径的函数并不要求目录和文件要真实存在，它们只对字符串进行操作。

```
>>>os.path.split('/Users/michael/testdir/file.txt')
('/Users/michael/testdir','file.txt')
>>>os.path.splitext('/path/to/file.txt')
('/path/to/file','.txt')
```

使用 rename()、remove()函数可进行文件的复制和删除。假设当前目录下有一个 test.txt 文件：

```
>>>os.rename('test.txt','test2.txt')     #对文件重命名
>>>os.remove('test2.txt')                #删除文件
```

通过之前的读写文件可以完成文件复制，只不过要多写很多代码。幸运的是 shutil 模块提供了 copyfile()的函数，可以快捷地进行文件复制，此外，还可在 shutil 模块中找到很多实用函数(表 5-5)，这可看作是 os 模块的补充。

表 5-5　shutil 模块常用函数及描述

实用函数	描述
file.copyfile(src,dst)	从源 src 复制到 dst 中去。当然前提是目标地址具备可写权限。抛出的异常信息为 IO Exception。如果当前的 dst 已存在的话其就会被覆盖掉
file.move(src,dst)	移动文件或重命名
file.copymode(src,dst)	只复制其权限，其他的东西不被复制
file.copystat(src,dst)	复制权限、最后访问时间、最后修改时间

续表

实用函数	描述
file.copy(src,dst)	复制一个文件到一个文件或一个目录
file.copy2(src,dst)	在 copy 的基础上，再复制文件的最后访问时间与修改时间，类似于 cp-p 的东西
file.copy2(src,dst)	如果两个位置的文件系统一样，相当于是 rename 操作，只是改名；如果不在相同的文件系统就做 move 操作
file.copytree(olddir,newdir,True/Flase)	把 olddir 拷贝一份 newdir，如果第 3 个参数是 True，则复制目录时将保持文件夹下的符号连接；如果第 3 个参数是 False，则将在复制的目录下生成物理副本来替代符号连接
file.rmtree(src)	递归删除一个目录及目录内的所有内容

如何利用 Python 的特性来过滤文件。例如，我们要列出当前目录下的所有目录或是列出所有的.py 文件，均只需要一行代码。

```
>>>[x for x in os.listdir('.')if os.path.isdir(x)]
['.lein','.local','.m2','.npm','.ssh','.Trash','.vim','Adlm','Appl
ications','Desktop',...]
>>>[x for x in os.listdir('.')if os.path.isfile(x)and os.path.splite
xt(x)[1]=='.py']
['apis.py','config.py','models.py','pymonitor.py','test_db.py','ur
ls.py','wsgiapp.py']
```

file 对象提供了操作文件的一系列方法，os 对象提供了处理文件及目录的一系列方法。

5.4 各类气象数据文件

气象上常用到的数据文件格式有：有格式文件(txt 文本)、二进制文件(binary)、自带数据描述的文件(nc，HDF)等，本节将针对这几类常用的数据格式文件，选取数据进行介绍。

5.4.1 有格式文件

气象上常见的有格式文件多为文本文件，还有一些是.csv、.xlsx 等为后缀的有格式文件，可将其转换为.txt 文件进行读取。以下将以气象常见的数据 nino3.4 区指数(nina34.data)为例，进行相应的操作。

有格式文件的打开、关闭、读取、写入等操作，需用到函数 open()、read()、

readline()、readlines()、write()、close()、with 语句等。

读取数据是后期数据处理的必要步骤。使用 Python 自带的 I/O 接口，将数据读取进来并存放在 list 中，再用 NumPy 科学计算包将 list 的数据转换为 array 格式，进而进行相应的科学计算。

例 5-8 文本文件的打开、创建、关闭。

```
#-*-coding:utf-8-*-
file=open('test-1.dat','w')           #创建并打开
file.write("Hello World!")            #写入
file.write("Python")
file.close()                          #关闭文件

file=open('nina34.data','r')          #打开
time=file.read()                      #读取
f.close()                             #关闭
print(time)                           #打印
```

例 5-9 ENSO 指数 nina34.data 的读取，提取 2014～2016 年的数据并保存成文本文件 nina2.txt。

```
#-*-coding:utf-8-*-
#读取文本数据的各种格式
f1=open('nina34.data','r')
time=f1.read()
f1.close()
print(time)
print(f1.closed)

f2=open("nina34.data")
line=f2.readline()
while line:
     print(line)
     line = f2.readline()
f2.close()
print(f2.closed)

f3=open("nina34.data")
```

```
for line2 in open("nina34.data"):
     print(line2)
f3.close()
print(f3.closed)

f4=open("nina34.data","r")
lines=f4.readlines()
for line3 in lines:
      print(line3)
f4.close()
print(f4.closed)

with open("nina34.data",'r') as f5:
     list1 = f5.readlines()
     print(list1)
print(f5.closed)

with open('nina34.data', 'r') as f1:
     list1 = f1.read()
print(list1)
#读取数据并提取2014~2016年数据进行保存
f4=open("nina34.data","r")
lines=f4.readlines()
f4.close()
f4=open("nina34.txt","w")
i=1949
for line3 in lines:
     i +=1                    #累加
     print(i)
     if i>=2014 and i <=2016:
          f4.write(line3)
f4.close()
```

例 5-10　数据 nina34.data 的读取并将其转换成数组。

```
#-*-coding:utf-8-*-
import numpy as np

file=open('nina34.data','r')
time=file.readlines()
file.close()

radians=np.zeros((69,13),'f')

for i in np.arange(len(time)):
    test=time[i].split('\n')[0].split('  ')
    for j in np.arange(len (test)):
        if(j!= 0):
            radians[i,j]=test[j]

nina34=np.ravel(radians[:,1:13])
print(nina34)
```

```
#-*-coding:utf-8-*-
import numpy as np

with open("nina34.data",'r') as f:
time=f.readlines()
print(time)
print(f.closed)
radians=np.zeros((69,13),'f')

for i in np.arange(len(time)):
    test=time[i].split('\n')[0].split('  ')
    for j in np.arange(len (test)):
        if(j!= 0):
            radians[i,j]=test[j]

nina34=np.ravel(radians[:,1:13])
print(nina34)
```

注意：一定要注意 open() 函数中 access_mode 参数的属性，防止出现原有文件被覆盖等操作，详情可查看之前对 open() 函数的介绍。文件打开后，如使用结束，要用 close() 函数进行关闭。

5.4.2　二进制文件

二进制文件用 open() 函数打开，函数的 access_mode 参数选择“wb”或“rb”，以此来说明是写入二进制文件，还是从二进制文件读取。

```
>>>file=open('filename.dat','rb')
```

由于二进制文件内部不含任何的数据结构信息，因此需要了解二进制数据的行数和列数(n_x 和 n_y)结构，以便按照行或列读取文件(获取数据的同时，一定要获取其说明文件)。数据类型是 float32 型的，对应过来是 4bytes，使用 for 循环逐个读 4 个字节。需要用到 struct 模块，用 import 调用即可。

例 5-11 读取 1950～2018 年 nino3.4 区的海温，保存成二进制文件之后再读取二进制文件。

```
import numpy as np
import struct
file=open('nina34.data','r')
time=file.readlines()
file.close()

radians=np.zeros((69,13),'f')

for i in np.arange(len(time)):
      test=time[i].split('\n')[0].split('  ')
      for j in np.arange(len(test)):
            if(j!=0):
                 radians[i,j]=test[j]

nina34= np.ravel(radians[:,1:13])  #存放 1950～2018 年每月的海温数据

file=open('nina34.grd','wb')      #打开二进制文件，其格式为 wb，即待写入数
                                   据的二进制文件
print(len(radians[:,1]),len(radians[1,1:13]))

for i in np.arange(len(radians[:,1])):
      for j in np.arange(len(radians[1,1:13])):
            file.write(radians[i,j+1])      #写入数据
file.close()
pic = np.zeros((69,12),'f')
file = open('nina34.grd','rb')     #打开二进制文件，其格式为 rb，即待读取
                                   数据的二进制文件
for i in np.arange(len(radians[:,1])):
      for j in np.arange(len(radians[1,1:13])):
            data = file.read(4)
            elem = struct.unpack("f", data)[0]
            pic[i,j] = elem
```

```
nina34=np.ravel(pic[:,:])
print(nina34)
file.close()
```

对于多个文件的读写，可以写成以下两种方式。

```
with open('C:\Desktop\text.txt','r')as f:
with open('C:\Desktop\text1.txt','r')as f1:
with open('C:\Desktop\text2.txt','r')as f2:
……
……
……
```

```
with open('C:\Desktop\text.txt','r')as f:
……
with open('C:\Desktop\text1.txt','r')as f1:
……
with open('C:\Desktop\text2.txt','r')as f2:
……
```

5.4.3　自带数据描述的文件(nc)

nc 的全称为 netCDF(the network common data form)，可以用来存储一系列的数组，因此经常被用来存储科学观测数据，尤其是长时间序列的。气象、海洋等领域一直在用 nc 文件。nc 文件除了包含数据本身，还包括维度、属性等描述信息，要读取 nc 文件，需要调用专门的函数进行解码、识别。

例如，Fortran 读取 nc 文件，需要在编译时注明 netCDF 库的路径，还需要经历烦琐的步骤：nc 文件 id 获取→变量 id 获取→变量维数 id 获取→变量所需内存空间分配→读取；GrADS 内置了打开 nc 文件的函数，但只能识别标准的 nc 数据，有时会碰到 GrADS 无法打开 nc 文件的情况。

Python 提供了这样的一个平台，既能方便快捷地读取 nc 文件，又能支持数据处理。Python 中支持 nc 数据读写的库有很多，其中 SciPy 和 netCDF4 应用较为广泛。SciPy 的主要功能还是科学计算库函数，下面主要介绍 netCDF4 库的应用。netCDF4 的下载地址及 GitHub 主页为 https://pypi.org/project/netCDF4/ 和 https://github.com/Unidata/netcdf4-python。Cantopy 本身不包含 netCDF4 库，所以需用户自行安装。

1. netCDF4 库打开 nc 文件

Python 中的 netCDF4 库在使用前需先进行安装，命令 conda install netCDF4，之后在命令交互窗口输入 import netCDF4，可查看是否安装成功，如果安装成功就会直接调用 netCDF4 库。该库包含很多函数，需要用到的只有 Dataset()函数，调用时需使用命令：from netCDF4 import Dataset(注意大小写)，该函数的作用是用只读或读写的方式打开 nc 文件。

```
>>>from netCDF4 import Dataset
>>>hgt=Dataset("D:\data\hgt.mon.mean.nc")    #用只读的方式创了该nc文件对
                                                 象 hgt
>>>print(hgt)
```

```
<class'netCDF4._netCDF4.Dataset'>
root group(NETCDF3_CLASSIC data model,file format NETCDF3):
    Conventions:CF-1.0
    title:Monthly NCEP/DOE Reanalysis 2
    history:created 2002/03 by Hoop(netCDF2.3)
    comments:Data is from
NCEP/DOE AMIP-II Reanalysis(Reanalysis-2)
(4x/day).It consists of most variables interpolated to
pressure surfaces from model(sigma)surfaces.
    platform: Model
    source:NCEP/DOE AMIP-II Reanalysis(Reanalysis-2) Model
    institution:National Centers for Environmental Prediction
    dataset_title: NCEP-DOE AMIP-II Reanalysis
    References: https://www.esrl.noaa.gov/psd/data/gridded/data.ncep.reanalysis 2.html
     source_url:http://www.cpc.ncep.noaa.gov/products/wesley/rea
nalysis2/
     dimensions(sizes):lon(144),lat(73),level(17),nbnds(2),time(4
84)
     variables(dimensions):float32[4mlevel[0m(level),float32[4mlat
[0m(lat),float32[4mlon[0m(lon),float64[4mtime[0m(time),float64[4mti
me_bnds[0m(time,nbnds),int16[4mhgt[0m(time,level,lat,lon)
     groups:
```

2. 查看 nc 文件

在成功打开 nc 文件后，需要查看 nc 文件的相关信息。此时需要对文件对象 hgt 进行相应信息的输出即可。

```
>>>print(hgt.variables.keys())
```

```
odict_keys(['level','lat','lon','time','time_bnds','hgt'])
```

该 nc 文件对象 hgt 有一个属性 variables，即文件的变量，其有一个属性 keys 表征变量的名字。通过调用 variables.keys()就可查看该 nc 文件的变量名。Python 优于 Fortran 的一点也在此处得到了体现：赋值的同时即分配内存空间。

需要获得对应变量的数值就等同于之前字典的操作，通过赋值语句的应用获得变量 level 的数值。此外，还可以调用其他信息，如 level 的基本信息、level 的数值类型(dtype)、数据名(long_name)、维数(ndim)等。

```
>>>lev=hgt.variables['level'][:]
>>>print(lev)
```

```
[1000. 925. 850. 700. 600. 500. 400. 300. 250. 200. 150. 100.
   70.   50.   30.   20.   10.]
```

例 5-12　打开 hgt.mon.mean.nc 数据，获取其基本信息，并读取 2019 年 1 月 500 hPa 位势高度场的数据，将其保存成二进制(hgt201901500.grd)和有格式文件(hgt201901500.txt)。

```
#-*-coding:utf-8-*-
import netCDF4
from netCDF4 import Dataset
nc_obj=Dataset('d:\hgt.mon.mean.nc')
#查看 nc 文件信息#
print(nc_obj)
print('!!!!!!!-1-!!!!!!!!')
#查看 nc 文件中的变量#
print(nc_obj.variables.keys())
for i in nc_obj.variables.keys():
      print(i)
print('!!!!!!!-2-!!!!!!!!')
#查看每个变量的信息#
print(nc_obj.variables['LAT'])
```

```
print(nc_obj.variables['LON'])
print(nc_obj.variables['PRCP'])
print('!!!!!!!-3-!!!!!!!!')
#查看每个变量的属性#
print(nc_obj.variables['LAT'].ncattrs())
print(nc_obj.variables['LON'].ncattrs())
print(nc_obj.variables['hgt'].ncattrs())
print(nc_obj.variables['LAT'].units)
print(nc_obj.variables['LON'].units)
print(nc_obj.variables['hgt']._Fillvalue)
print('!!!!!!!-4-!!!!!!!!')
#读取数据值#
lat=(nc_obj.variables['LAT'][:])
lon=(nc_obj.variables['LON'][:])
hgt500=(nc_obj.variables['hgt'][480,5,:,:])
print(lat)
print(lon)
print('!!!!!!!-5-!!!!!!!!')
print(hgt500)
f4=open("hgt201901500.txt","w")
f4.write(hgt500)
f4.close()
```

例 5-13 相对复杂的 nc 文件信息查询举例，选取 wrfouput_d01_2005-08-28_00_00_00 数据进行演示。

```
>>>import netCDF4
>>>from netCDF4 import Dataset
>>>a=Dataset('d:\wrfout_d01_2005-08-28_00_00_00')
>>>print(a)             #获得相关信息
```

```
<class'netCDF4._netCDF4.Dataset'>
root group(NETCDF3_CLASSIC data model,file format NETCDF3):
    TITLE:OUTPUT FROM WRF V3.7 MODEL
    START_DATE:2005-08-28_00:00:00
    SIMULATION_START_DATE:2005-08-28_00:00:00
    WEST-EAST_GRID_DIMENSION:91
```

```
    SOUTH-NORTH_GRID_DIMENSION:74
    BOTTOM-TOP_GRID_DIMENSION:30
    DX:30000.0
    DY:30000.0
……
……
    CEN_LAT:27.999992
    CEN_LON:-89.0
    TRUELAT1:0.0
    TRUELAT2:0.0
    MOAD_CEN_LAT:27.999992
    STAND_LON:-89.0
    POLE_LAT:90.0
    POLE_LON:0.0
……
……
```

```
>>>print(a.variables['HGT'])
```

```
<class'netCDF4._netCDF4.Variable'>
float32 HGT(Time,south_north,west_east)
    FieldType: 104
    MemoryOrder: XY
    description: Terrain Height
    units: m
    stagger:
    coordinates: XLONG XLAT XTIME
unlimited dimensions: Time
current shape=(4, 73, 90)
filling on, default _FillValue of 9.969209968386869e+36 used
```

3. nc 文件数据的修改

nc文件数据的修改和其他文件格式的修改的操作类似，即打开文件语句的access_mode选项进行设置，选择“a”或“w”即可。修改完成之后需要调用close()函数进行文件的关闭，才能完成对文件数据的修改。

例 5-14 查询 hgt.mon.mean.nc 文件的垂直高度值并输出，之后将其修改为[1, 2, 3, 4, 5, 6, 7, 8, 9, 10, 11, 12, 13, 14, 15, 16, 17]的表示方式并保存。

```
#-*-coding:utf-8-*-
import numpy as np
import netCDF4
from netCDF4 import Dataset
hgt=Dataset('d:\hgt.mon.mean.nc',mode='a')
lev=np.arange(1,18)
print(lev)
hgt.variables['level'][:]=lev[:]
hgt.close()
hgt=Dataset("D:\hgt.mon.mean.nc",mode='r')
print(hgt.variables['level'][:])
hgt.close()
```

```
[ 1  2  3  4  5  6  7  8  9 10 11 12 13 14 15 16 17]
[ 1. 2. 3. 4. 5. 6. 7. 8. 9. 10. 11. 12. 13. 14. 15. 16. 17.]
```

5.4.4 HDF 数据

与 netCDF 数据一样，HDF(hierarchical data format)数据也是一种自带描述文件的数据格式，卫星资料通常采用该格式进行数据存储。HDF 指一种为存储和处理大容量科学数据设计的文件格式及相应库文件。HDF 最早由美国国家超级计算应用中心 NCSA 开发，目前在非营利组织 HDF 小组的维护下继续发展。HDF 数据依据存放方式的不同，可分为 HDF4 和 HDF5。CALIPSO、CloudSat 和 MODIS 选择 HDF4 作为存储和分发科学数据及辅助数据的主要格式。Python 的第三方库 h5py、pyhdf 提供了读取 HDF4/5 格式数据的函数。

1. HDF 相应库的安装调试

```
conda install h5py
conda install-c conda-forge pyhdf
```

```
>>>import pyhdf
>>>
>>>import h5py
>>>
```

2. HDF 数据的读取

与 nc 文件读取的步骤类似。首先调用对应的第三方库，之后用相应函数打开并创建文件对象，最后查询相关信息。

例 5-15　打开 MODIS/Aqua 气溶胶、云、水汽、臭氧在全球 1°×1° 格点日值数据集(C5)(HDF4)，2011 年 6 月的数据，查询数据要素信息，选择某一要素输出相关值。

方法一：

```
>>>import pprint
>>>from pyhdf.SD import SD,SDC
>>>from__future__import division
>>>filename='d:\SATE_L3_EOT_MODIS_MWB_MOD08M3_GLB_C5-201106.hdf'
>>>print('file found{}'.format(filename))
file found d:\SATE_L3_EOT_MODIS_MWB_MOD08M3_GLB_C5-201106.hdf
>>>file_obj=SD(filename)
>>>print(file_obj.info())
(987,9)
>>>data_dic=file_obj.datasets()
>>>for i,j in enumerate(data_dic.keys()):
…    print(i,j)
…
983 Atmospheric_Water_Vapor_High_Histo_Intervals
984 Pressure_Level
985 XDim
986 YDim
>>>dat=file_obj.select('Cloud_Optical_Thickness_1621_Liquid_Mean_M
ean')[:,:]
>>>print(dat)
[[ 1581  1486  1369… 1481  1498  1481]
 [ 1219  1539  1244… 1457  1518  1600]
 [ 1645  1851  1562… 1801  1687  1668]
 …
 [-9999 -9999 -9999… -9999 -9999 -9999]
 [-9999 -9999 -9999… -9999 -9999 -9999]
```

```
 [-9999 -9999 -9999… -9999 -9999 -9999]]
>>>dat2=file_obj.select('Cloud_Optical_Thickness_1621_Liquid_Mean_
Mean')
>>>data=dat2.get()
>>>print(data)
[[ 1581  1486  1369 …  1481  1498  1481]
 [ 1219  1539  1244 …  1457  1518  1600]
 [ 1645  1851  1562 …  1801  1687  1668]
 …
 [-9999 -9999 -9999 … -9999 -9999 -9999]
 [-9999 -9999 -9999 … -9999 -9999 -9999]
 [-9999 -9999 -9999 … -9999 -9999 -9999]]
>>>pprint.pprint(dat2.attributes())
{'Aggregation_Byte':1,
 'Aggregation_Category_Values':2,
 'Aggregation_Data_Set':'Quality_Assurance_1km',
 'Aggregation_Valid_Category_Values':[1,2,3,4],
 'Aggregation_Value_Num_Bits':3,
 'Aggregation_Value_Start_Bit':3,
 ……
 'scale_factor':0.01,
 'units':'none',
 'valid_range':[0,10000]}
```

```
>>> print(dat2.attributes())
{'valid_range':[0,10000],'_FillValue':-9999,'long_name':'Supplemen
tary Liquid Water Cloud Optical Thickness over water/snow/ice derived
from band 6 and 7:Mean of DailyMean','units':…………'Weighting':'Pixel
_Weighted','Weighted_Parameter_Data_Set':'Cloud_Fraction_1621_Liqu
id_Pixel_Counts'}
>>>
```

```
>>>infom=dat2.attributes(full=1)
>>>infomNames=infom.keys()
>>>print(infomNames)
```

```
dict_keys(['valid_range','_FillValue','long_name','units','scale_f
actor','add_offset','Level_2_Pixel_Values_Read_As',…………'Derived_Fr
om_Level_3_Daily_Data_Set','Weighting','Weighted_Parameter_Data_Se
t'])
>>>fill_value=infom['_FillValue'][0]
>>>print(fill_value)
-9999
```

方法二：

```
>>>import glob
>>>from pyhdf import SD
>>>hdf_name=glob.glob('SATE_L3_EOT_MODIS_MWB_MOD08M3_GLB_C5-201106.
              hdf')
>>>hdf_obj=SD.SD(hdf_name[0],SD.SDC.READ)
>>>print(hdf_obj.datasets().keys())
```

```
dict_keys(['Solar_Zenith_Mean_Mean','Solar_Zenith_Mean_Std','Solar
_Zenith_Mean_Min','Solar_Zenith_Mean_Max','Solar_Zenith_Std_Deviat
ion_Mean','Solar_Zenith_Pixel_Counts',
……
……'Atmospheric_Water_Vapor_Low_Histo_Intervals','Atmospheric_Water
_Vapor_High_Histo_Intervals','Pressure_Level','XDim','YDim'])
```

```
>>>data=hdf_obj.select('Cloud_Top_Pressure_Mean_Mean')[:,:]
>>>print(data)
```

```
[[7164 7108 7137 … 7192 7152 7106]
 [6958 6931 6974 … 7056 6959 6928]
 [6958 6946 6878 … 6919 6890 6991]
 …
 [4267 4350 4307 … 4245 4166 4249]
 [3990 4092 4102 … 4068 4028 4053]
 [4581 4500 4876 … 4670 4578 4578]]
```

例 5-16 国家卫星中心下载的 HDF5 全球标称数据(FY2E 的 TBB 数据，HDF5)的打开及查看。

```
import h5py
import numpy as np
f=h5py.File('d:\FY2E_TBB.hdf','r')
print(list(f.keys()))
data=f.get('FY2E TBB Hourly Product')
print(list(data.attrs.items()))
data=np.array(data)
print(list(data.attrs.items()))
print(data)
```

```
['FY2E TBB Hourly Product','NomFileInfo']
```

```
[('FillValue',array([0.],dtype=float32)),('LayerName',array([b'FY2E TBB Hourly Product'],dtype='|S23')),('LowerValidRange',array([160.],dtype=float32)),('QualityIndex',array([1],dtype=int16)),('Unit',array([b'K'],dtype='|S1')),('UpperValidRange',array([340.],dtype=float32))]
```

```
<HDF5 dataset"FY2E TBB Hourly Product":shape(2288,2288),type">f4">
```

5.4.5 雷达数据

雷达数据的读取较为复杂，这里我们可以使用 PyCINRAD 模块。PyCINRAD 是一个读取 CINRAD 雷达数据同时进行相关计算并可视化的模块。安装 CINRAD 模块需要提前安装 Cartopy、Metpy、Shapefile、Pyresample，详细使用方法可参考 GitHub 网站上的 PyCINRAD 主页。

例 5-17 雷达数据读取及可视化。

```
#-*-coding:utf-8-*-
import cinrad
from cinrad.visualize import PPI
f=cinrad.io.CinradReader('Z_RADR_I_Z9370_20150723041500_O_DOR_SB_CAP.bin')
rl=f.get_data(0,250,'REF')  #(仰角,范围,数据类型)#
fig=PPI(rl)
fig('RADAR.PNG')
```

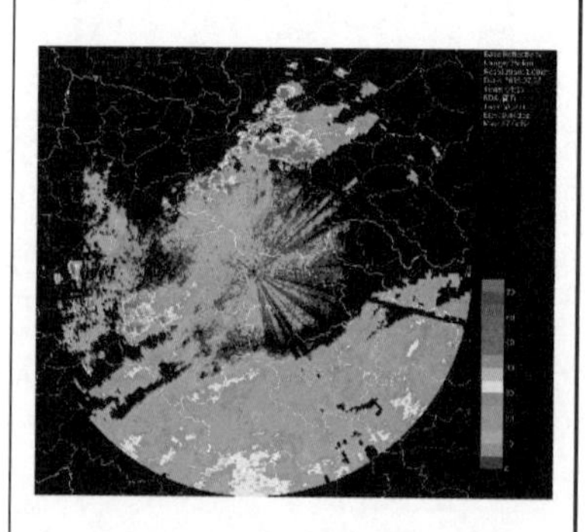

5.4.6 GRIB 数据

GRIB是世界气象组织(WMO)开发的一种用于交换和存储规则分布数据的二进制文件格式，主要用来表示数值天气分析和预报的格点产品资料，GRIB 码具有与计算机无关的特点，采用压缩数据的表示形式。现行的GRIB 码版本有GRIB1和 GRIB2 两种格式。GRIB2 较之 GRIB1 具有更多的优点而被广泛使用，如可表示多维数据、具有模块性结构、支持多种压缩方式、IEEE 标准浮点表示法等。

在 Linux 和 MAC OS 系统下，Python 可以通过 pygrib 库实现对 GRIB 数据的读取。在 Windows 系统下则无法直接用 pygrib 读取 GRIB 数据，这里主要介绍借助 wgrib 来实现对 GRIB 的读取。根据 GRIB 数据下载 wgirb 工具，无需安装，直接在 cmd 操作窗口进入所在文件夹，通过运行命令 wgrib2.exe(wgrid.exe)就可以查看一些使用帮助。

GRIB1	ftp://ftp.cpc.ncep.noaa.gov/wd51we/wgrib
GRIB2	ftp://ftp.cpc.ncep.noaa.gov/wd51we/wgrib2

```
C:\Users\Administrator>cd\
C:\>d:
D:\>wgrib2.exe
```

借助 wgrib 工具，结合 os 库，就可查询 GRIB 数据的相关信息，并提取相关数据并保存成文本文件或 nc 文件。

例 5-18 读取 GRIB2 数据文件，提取 500 hpa 位势高度场的数据，将其保存为 CSV 或 nc 数据文件。

```
import os
os.chdir("E:\Software\wgrib2")
os.system(r"wgrib2.exe D:\data.grib2-v")
os.system("wgrib2.exe D:\data.grib2-match':HGT:500 mb'-csvHGT500mb.cs
v")
>>>os.chdir("d:/grib2")
>>>os.system(r"wgrib2.exe d:/grib2/pgbh00.gdas.1993031400.
grb2-v")
1:0:d=1993031400:PRES Pressure[Pa]:mean sea level:anl:
2:249696:d=1993031400:HGT Geopotential Height[gpm]:1 mb:anl:
......
```

```
......
577:88565814:d=1993031400:CSDSF Clear Sky Downward SolarFlux[W/m^2]:
surface:0-0 day ave fcst:
578:88605683:d=1993031400:CSULF Clear Sky Upward Long WaveFlux[W/m^
2]:surface:0-0 day ave fcst:
579:88698505:d=1993031400:SNOHF Snow Phase Change Heat Flux[W/m^2]:
surface:0-0 day ave fcst:
0
>>>os.system("wgrib2.exe d:/grib2/pgbh00.gdas.1993031400.grb2-mat
ch':HGT:500 mb'-csv HGT500mb.csv")
186:26151139:d=1993031400:HGT:500 mb:anl:
0
>>>os.system("wgrib2.exe d:/grib2/pgbh00.gdas.1993031400.grb2-matc
h':HGT:500 mb'-netcdf HGT500mb.nc")
186:26151139:d=1993031400:HGT:500 mb:anl:
0
>>>
```

5.5 习　　题

1. 下载 NCEP 提供的 2018 年逐日四次 2.5°×2.5° 分辨率的再分析资料，要素为位势高度，打开并输出该数据文件的基本信息，并计算东亚地区 2018 年夏季平均的 500 hPa 位势高度值。

2. 访问国家气候中心网站，下载其提供的全国 160 站的月平均降水数据，打开并输出 2018 年 7 月成都、北京、上海、广东四个站点的降水量。

3. 访问国家气候中心网站，下载其提供的全国 160 站的月平均气温数据，打开并输出 2018 年夏季成都、北京、上海、广东四个站点的平均降水量。

4. 访问国家气候中心网站，下载其提供的环流指数，计算并输出 2018 年夏季各月西太平洋副热带高压和南亚高压各特征指数的值。

5. 下载 TRMM 卫星资料，读取并输出数据信息。

6. 下载 FNL 再分析资料，读取并输出数据信息。

第6章　绘　图　基　础

数据的加工处理等操作的最终目的是以图表等便捷的方式展现。图表可直观形象地展现数据处理的结果，提升应用程序界面的视觉效果。

Python 提供了很好的绘图库：Matplotlib。Matplotlib 是一个非常强大的 Python 绘图库，它以各种硬拷贝格式和跨平台交互式环境生成出版质量级别的图形。通过 Matplotlib，用户可以仅用几行代码便可以生成绘图，如折线图、散点图、柱状图、饼图、直方图、二维图形、3D 图形、动画等。Matplotlib 使用 NumPy 进行数组运算，并调用一系列其他的 Python 库来实现硬件交互。

6.1　查看和调用

Matplotlib、Pandas 等模块的查看与调用。Anaconda 自带 Matplotlib 库，使用 python-m pip list 命令可查看是否安装了 Matplotlib 模块。

例 6-1　Matplotlib、Pandas 模块的查看、调用。

```
C:\Users\HP>python
Python 3.7.1(default,Dec 10 2018,22:09:34)[MSC v.1915 32 bit(Inte
l)]::Ana
conda,Inc.on win32
Type"help","copyright","credits"or"license"for more information.
>>>import matplotlib
>>>
>>>import pandas
>>>
```

6.2　基本绘图函数

应用 import 导入 Matplotlib 模块的一个分模块 pyplot，并给一个别名 plt，格

式为

```
import matplotlib.pyplot as plt
```

例 6-2 基本绘图命令举例。

```
#-*-coding:utf-8-*-
import matplotlib.pyplot as plt
import numpy as np
x=np.linspace(1,20,100)
print(x,type(x))
y=np.sin(x)
plt.figure()
plt.plot(x,y)
plt.show()

y2=np.cos(x)
plt.figure(num=5,figsize=(11,8),)
plt.plot(x,y)
plt.plot(x,y2,color='red',linewidth=1.0,linestyle='--')
plt.show()
```

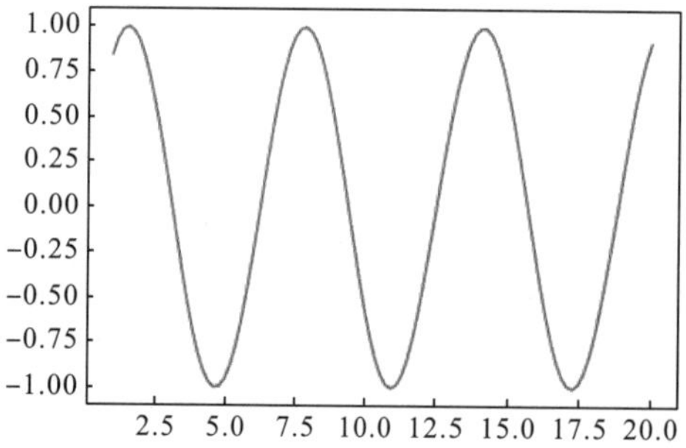

```
[ 1.          1.19191919  1.38383838
1.57575758  1.76767677  1.95959596
 2.15151515  2.34343434  2.53535354
2.72727273  2.91919192  3.11111111
 3.3030303   3.49494949
3.68686869  3.87878788
4.07070707  4.26262626
 4.45454545  4.64646465
4.83838384  5.03030303  5.22222222
5.41414141
 5.60606061  5.7979798
5.98989899  6.18181818
6.37373737  6.56565657
 6.75757576  6.94949495
7.14141414  7.33333333  7.52525253
7.71717172
 7.90909091  8.1010101
8.29292929  8.48484848
8.67676768  8.86868687
 9.06060606  9.25252525
9.44444444  9.63636364  9.82828283
10.02020202
 10.21212121 10.4040404
10.5959596  10.78787879
10.97979798 11.17171717
 11.36363636 11.55555556
11.74747475 11.93939394
12.13131313 12.32323232
 12.51515152 12.70707071
12.8989899  13.09090909
13.28282828 13.47474747
```

	13.66666667 13.85858586 14.05050505 14.24242424 14.43434343 14.62626263 14.81818182 15.01010101 15.2020202 15.39393939 15.58585859 15.77777778 15.96969697 16.16161616 16.35353535 16.54545455 16.73737374 16.92929293 17.12121212 17.31313131 17.50505051 17.6969697 17.88888889 18.08080808 18.27272727 18.46464646 18.65656566 18.84848485 19.04040404 19.23232323 19.42424242 19.61616162 19.80808081 20.] <class 'numpy.ndarray'>

其中，绘图设置如下：

plt.figure(num=int, figsize=(),dpi=int)：对应设置图形窗口的序号；窗口的宽度和高度(单位为英寸)；dpi 为图片分辨率，默认为 80。

plt.plot(x,y,marker='*',linwidth=int,linestyle='--',color='red', label='')：对应设置线的样式(默认无样式)、线宽、线型(默认实线)、，线的颜色(默认蓝色)、线的名字。

除此以外，绘图的其他基本设置见表 6-1。

表 6-1　基本绘图设置

函数	设置
plt.xlim	设置 x 坐标轴的范围
plt.ylim	设置 y 坐标轴的范围
plt.xlabel	设置 x 坐标轴的名称
plt.ylabel	设置 y 坐标轴的名称
plt.title	设置图片标题
plt.grid	设置网格

续表

函数	设置
plt.text，plt.annotate	添加注释
plt.yticks	设置 y 轴刻度及名称 plt.yticks([-2, -1.8, -1, 1.22, 3],[r'$really\ bad$', r'bad', r'$normal$', r'$good$', r'$really\ good$'])
plt.gca	获取当前坐标轴信息
.spines 和.set_color	设置边框及其颜色：默认白色
.xaxis.set_ticks_position	设置 x 坐标刻度数字或名称的位置(top、bottom、both、default、none)
.spines 配合.set_position	设置边框位置(位置所有属性：outward、axes、data)
.yaxis.set_ticks_position	设置 y 坐标刻度数字或名称的位置：y=0 的位置(所有位置：left、right、both、default、none)
.spines 配合.set_position	设置边框位置：x=0 的位置(位置所有属性：outward、axes、data)
label 和 bbox 配合	调节图像相关内容的透明度，使图片更易于观察，防止遮盖
plt.legend	设置图例，是对 plot 中的 label 参数进行设置。其格式为 legend(handles=(line1, line2, line3),labels=('label1', 'label2', 'label3'),loc='upper right')，其中“loc”设置位置：“best”：0(自动分配最佳位置)，“upper right”：1，“upper left”：2，“lower left”：3，“lower right”：4，“right”：5，“center left”：6，“center right”：7，“lower center”：8，“upper center”：9，“center”：10
np.plot	绘制折线图
np.scatter	绘制散点图
np.bar	绘制柱状图
np.pie	绘制饼图
np.hist	绘制直方图
np.meshgrid 配合 plt.contour	绘制等值线图

注：相应的应用可参考后续绘图实例。

子图绘制可通过 subplot 将 figure 进行分区，并在每个分区进行绘图。在绘图时需要用到次坐标轴(twinx()函数、set_ylim()函数等)，以及对 x 轴刻度的定义(gca()函数配合 xaxis.set_major_locator()、xaxis.set_major_formatter()、autofmt_xdate()函数应用)等。

Python 还可以绘制图中图、动画等，如有兴趣可以查看 animation 的 FuncAnimation()函数。

6.3 基本图形绘制

下载 PDO 和 Nino3.4 指数及 NCEP 格点数据需要加载 Pandas 模块，Anaconda 自带该模块，可通过输入 import pandas 查看该模块是否可正常使用。

1. 折线图

例 6-3 折线图举例及效果(图 6-1)。

```
import numpy as np
import pandas as pd
import matplotlib.pyplot as plt
from matplotlib.dates import MonthLocator,DateFormatter
file=open('pdo.data','r')
time=file.readlines()
file.close()
radians=np.zeros((71,13),'f')
for i in np.arange(len(time)):
      test=time[i].split('\n')[0].split('  ')
      for j in np.arange(len(test)):
            if(j!=0):
                 radians[i,j]=test[j]
pdo=np.ravel(radians[:,1:13])
tm_rng=pd.date_range('20000131',periods=216,freq='M')
print(tm_rng)
plt.figure(figsize=(8,5))
y=pdo[624:840]
width=15
plt.plot(tm_rng,y)
plt.gca().xaxis.set_major_locator(MonthLocator(interval=24))
plt.gca().xaxis.set_major_formatter(DateFormatter('%y/%m'))
plt.gcf().autofmt_xdate()
plt.legend(["PDO"],loc="upper right")
plt.grid(True)
plt.savefig('pdo.png')
```

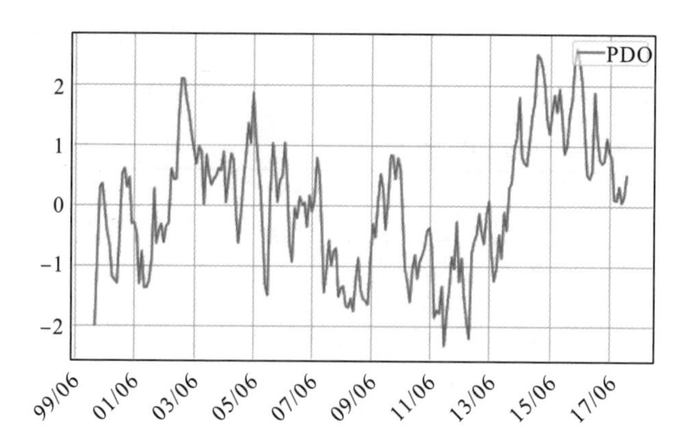

图 6-1 折线图

2. 柱状图

例 6-4 柱状图举例及效果。

```
plt.bar(tm_rng,y)
```

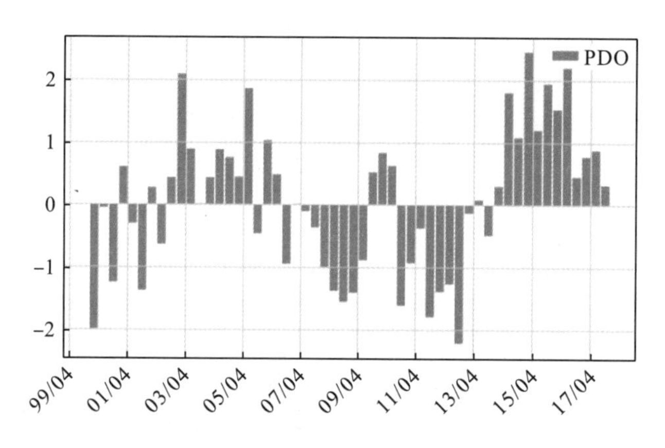

图 6-2 柱状图

3. 散点图

例 6-5 散点图举例及效果(图 6-3)。

```
plt.scatter(tm_rng,y)
```

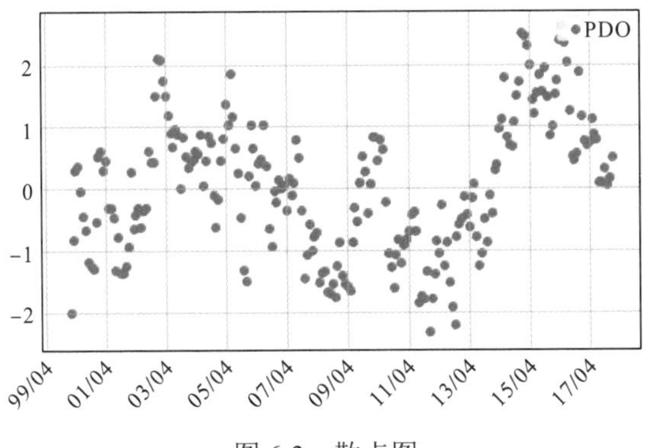

图 6-3 散点图

4. 双纵坐标

例 6-6 双纵坐标举例及效果。

```
import numpy as np
import pandas as pd
import matplotlib.pyplot as plt
from matplotlib.dates import MonthLocator,DateFormatter

file=open('nina34.data','r')
time=file.readlines()
file.close()
radians=np.zeros((71,13),'f')
for i in np.arange(len(time)):
      test=time[i].split('\n')[0].split('  ')
      for j in np.arange(len(test)):
            if(j!=0):
                 radians[i,j]=test[j]
nina34=np.ravel(radians[:,1:13])

file=open('pdo.data','r')
time=file.readlines()
file.close()
radians=np.zeros((71,13),'f')
for i in np.arange(len(time)):
      test=time[i].split('\n')[0].split('  ')
      for j in np.arange(len(test)):
```

```
            if(j!=0):
                    radians[i,j]=test[j]
pdo=np.ravel(radians[:,1:13])
tm_rng=pd.date_range('20000131',periods=216,freq='M')
y1=pdo[624:840]
y2=nina34[624:840]
fig=plt.figure(figsize=(8,5))
ax=fig.add_subplot(111)
lns1=ax.plot(tm_rng,y1,'-',label='PDO')
ax2=ax.twinx()
lns2=ax2.plot(tm_rng,y2,'-r',label='Nino3.4')
lns=lns1+lns2
labs=[l.get_label()for l in lns]
ax.legend(lns,labs,loc=1)

ax.grid()
ax.set_xlabel("Time(Year/Mon)")
ax.set_ylabel(r"PDO")
ax2.set_ylabel(r"Temperature($^\circ$C)")
ax2.set_ylim(20,35)
ax.set_ylim(-4,4)

plt.gca().xaxis.set_major_locator(MonthLocator(interval=24))
plt.gca().xaxis.set_major_formatter(DateFormatter('%y/%m'))
plt.gcf().autofmt_xdate()
plt.savefig('pdo-3.png')
```

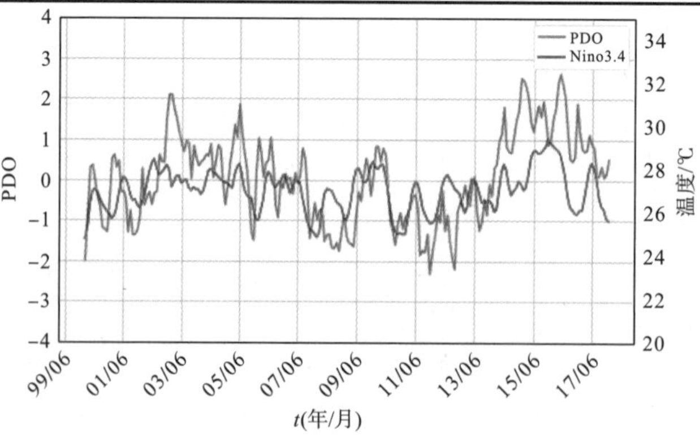

图 6-4 双纵坐标图

5. 子图

例 6-7 子图举例及效果。

```
plt.figure(figsize=(8,5))
import numpy as np
import pandas as pd
import matplotlib.pyplot as plt
from matplotlib.dates import MonthLocator, DateFormatter

plt.figure(figsize=(8,5))
file=open('nina34.data','r')
time=file.readlines()
file.close()
radians=np.zeros((71,13),'f')
for i in np.arange(len(time)):
      test=time[i].split('\n')[0].split('  ')
      for j in np.arange(len(test)):
            if(j!=0):
                  radians[i,j]=test[j]
nina34=np.ravel(radians[:,1:13])

file=open('pdo.data','r')
time=file.readlines()
file.close()
radians=np.zeros((71,13),'f')
for i in np.arange(len(time)):
      test=time[i].split('\n')[0].split('  ')
      for j in np.arange(len(test)):
            if(j!=0):
                  radians[i,j]=test[j]
pdo=np.ravel(radians[:,1:13])
tm_rng = pd.date_range('20000131',periods=216,freq='M')
y=pdo[624:840]
y1=nina34[624:840]
plt.subplot(2,1,1)
plt.plot(tm_rng,y1)
```

```
plt.gca().xaxis.set_major_locator(MonthLocator(interval=24))
plt.gca().xaxis.set_major_formatter(DateFormatter('%y/%m'))
plt.legend(["Nino3.4"],loc="upper right")
plt.grid(True)
plt.subplot(2,1,2)
width=15
plt.bar(tm_rng,y,width)
plt.gca().xaxis.set_major_locator(MonthLocator(interval=24))
plt.gca().xaxis.set_major_formatter(DateFormatter('%y/%m'))
plt.legend(["PDO"],loc="upper right")
plt.grid(True)
plt.tight_layout()
plt.savefig('pdo-4.png')
```

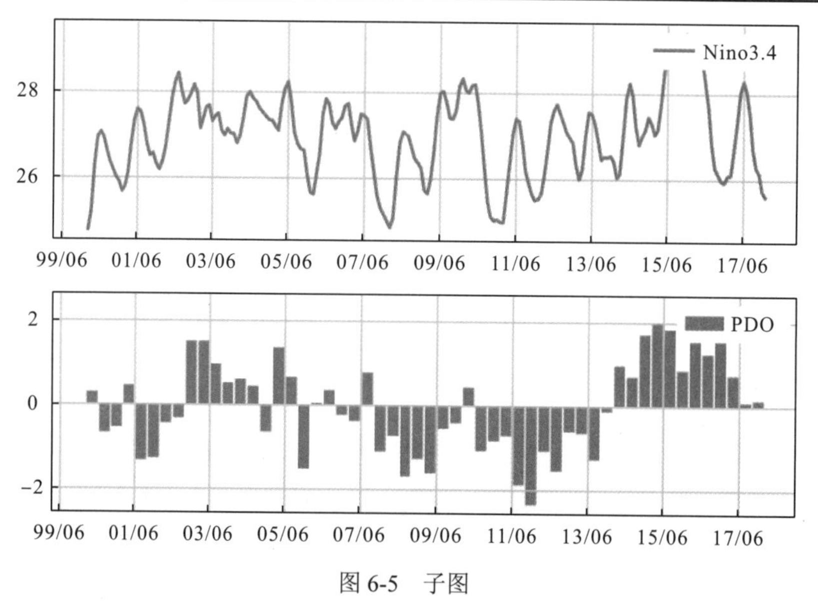

图 6-5 子图

6. 等值线图

这需要安装 netCDF4、metpy、siphon、Cartopy、Basemap 等库，二维数组绘图需要用到 meshgrid() 函数。这里重点介绍一下 Cartopy。

气象海洋领域用 Python 绘制图片，过去用的是 Matplotlib+Basemap，但 Basemap 将在 2020 年停止维护。因此，作为 Basemap 最佳继承者，Cartopy 几乎就是完美的选择了。

Cartopy是一个开源免费的第三方Python扩展包，由英国气象办公室(Metoffice)的科学家开发，他们致力于使用最简单直观的方式生成地图，并提供对Matplotlib友好的协作接口。该工具包使用LGPLv3协议，代码托管在Github网站上。在cmd中进行安装，并在命令操作窗口查看是否安装好相关的模块。

`c:\Anaconda3>pip install siphon`	`>>>import siphon`
`c:\Anaconda3>pip install metpy`	`>>>import metpy`
`c:\Anaconda3>conda install cartopy`	`>>>import cartopy`

例6-8 Cartopy绘制全球地图。

```
#-*-coding:utf-8-*-
import matplotlib.pyplot as plt
import cartopy.crs as ccrs
ax=plt.axes(projection=ccrs.Robinson(central_longitude=0,globe=None))
ax.coastlines()
ax.gridlines(linestyle='--')
plt.show()
```

例6-9 选用1981～2010年气候平均的纬向风再分析资料，绘制700hPa 1月和7月的纬向风分布图，并且采用子图的方式展现结果。

```
#-*-coding:utf-8-*-
import numpy as np
import matplotlib.pyplot as plt
import matplotlib as mpl
import cartopy.crs as ccrs
import cartopy.feature as cfeature
from cartopy.mpl.ticker import LongitudeFormatter,LatitudeFormatter
from netCDF4 import Dataset
f=Dataset('uwnd.mon.1981-2010.ltm.nc')
print(f)
u1=f.variables['uwnd'][0,3,:,:]
u7=f.variables['uwnd'][6,3,:,:]
lats=f.variables['lat'][:]
lons=f.variables['lon'][:]
fig=plt.figure(figsize=(8,6))
ax=fig.add_subplot(211,projection=ccrs.PlateCarree(central_longitud
```

```
e=180))
projection=ccrs.PlateCarree()
def make_map(ax):
    projection=ccrs.PlateCarree()
    ax.set_global()
    ax.coastlines(linewidth=0.5)
    ax.set_xticks(np.linspace(-180,180,5),crs=projection)
    ax.set_yticks(np.linspace(-90,90,5),crs=projection)
    lon_formatter=LongitudeFormatter(zero_direction_label=True)
    lat_formatter=LatitudeFormatter()
    ax.xaxis.set_major_formatter(lon_formatter)
    ax.yaxis.set_major_formatter(lat_formatter)
    return ax
cmap=plt.get_cmap('bwr')
norm=mpl.colors.Normalize(vmin=-30.0,vmax=30.0)
levels=mpl.ticker.MaxNLocator(nbin=16).tick_values(-30.0,30.0)
ax=make_map(ax)
p=ax.contourf(lons,lats,u1,levels=levels,cmap=cmap,transform=projec
tion)
pl=ax.contour(lons,lats,u1,levels=levels,linewidths=0.5,colors='k',
transform=projection)
ax.set_title('JAN_U-wind')
fig.colorbar(p,ax=ax,extend='both')
ax1=fig.add_subplot(212,projection=ccrs.PlateCarree(central_longitu
de=180))
ax1=make_map(ax1)
p1=ax1.contourf(lons,lats,u7,levels=levels,cmap=cmap,transform=proj
ection)
pl1=ax1.contour(lons,lats,u7,levels=levels,linewidths=0.5,colors='k
',transform=projection)
ax1.set_title('JUL_U-wind')
fig.colorbar(p1,ax=ax1,extend='both')
fig.tight_layout()
plt.savefig("06carotpy.multimap-2.png")
```

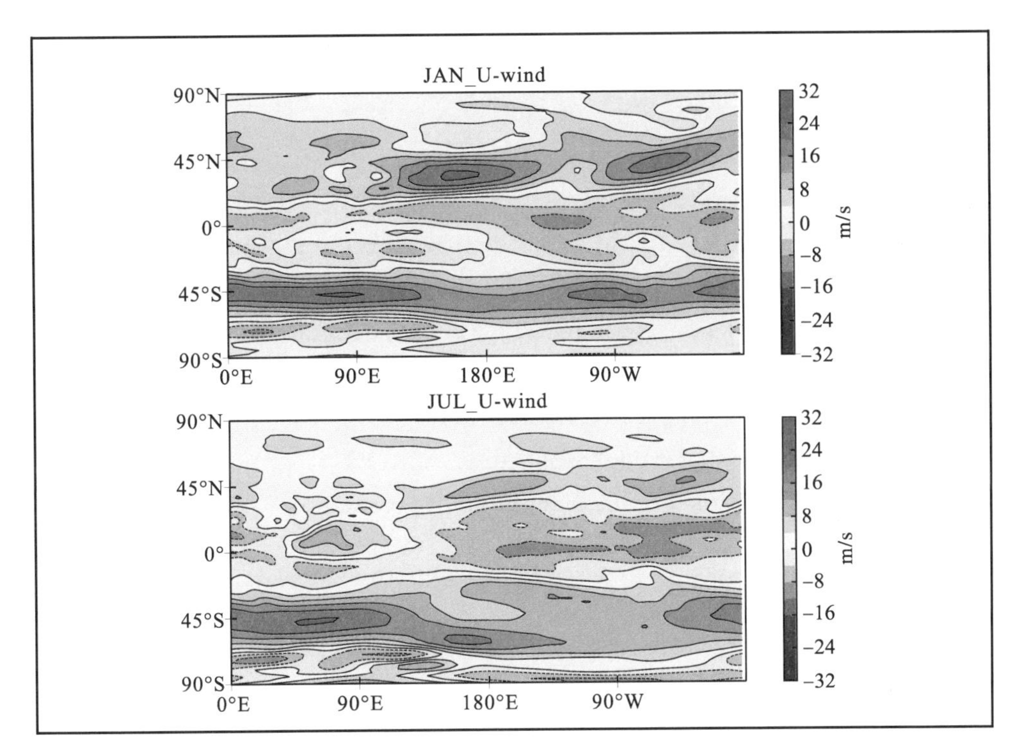

7. 其他常用图

例 6-10 选用 NCEP 再分析资料绘制 500hPa 风场(矢量及风向标显示)。

```
#-*-coding:utf-8-*-
import numpy as np
import matplotlib.pyplot as plt
import cartopy.crs as ccrs
from netCDF4 import Dataset
from cartopy.mpl.ticker import LongitudeFormatter,LatitudeFormatter
fu=Dataset('D:/uwnd.mon.ltm.nc')
fv=Dataset('d:/vwnd.mon.ltm.nc')

ua=fu.variables['uwnd'][0,5,:,:]
va=fv.variables['vwnd'][0,5,:,:]
lats=fu.variables['lat'][:]
lons=fv.variables['lon'][:]
mag=(ua**2+va**2)**0.5
```

```
def main():
    fig=plt.figure(figsize=(8,10))
    ax2=fig.add_subplot(2,1,1,projection=ccrs.PlateCarree())
    ax2.coastlines('50m')
    ax2.set_extent([90,180,10,60],ccrs.PlateCarree())
    fig2=ax2.quiver(lons,lats,ua,va,mag,regrid_shape=20)
    ax2.set_xticks(np.arange(90,181,20),crs=ccrs.PlateCarree())
    ax2.set_yticks(np.arange(10,61,10),crs=ccrs.PlateCarree())
    lon_formatter=LongitudeFormatter()
    lat_formatter=LatitudeFormatter()
    ax2.xaxis.set_major_formatter(lon_formatter)
    ax2.yaxis.set_major_formatter(lat_formatter)
    plt.colorbar(fig2,label='m/s')
    plt.show()
    fig.savefig('wind.ps')

if__name__=='__main__':
    main()
```

```
#-*-coding:utf-8-*-
......
fig1=ax1.barbs(lons,lats,ua,va,length=5,sizes=dict(emptybarb=0.25,s
pacing=0.2,height=0.5),linewidth=0.95)
......
```

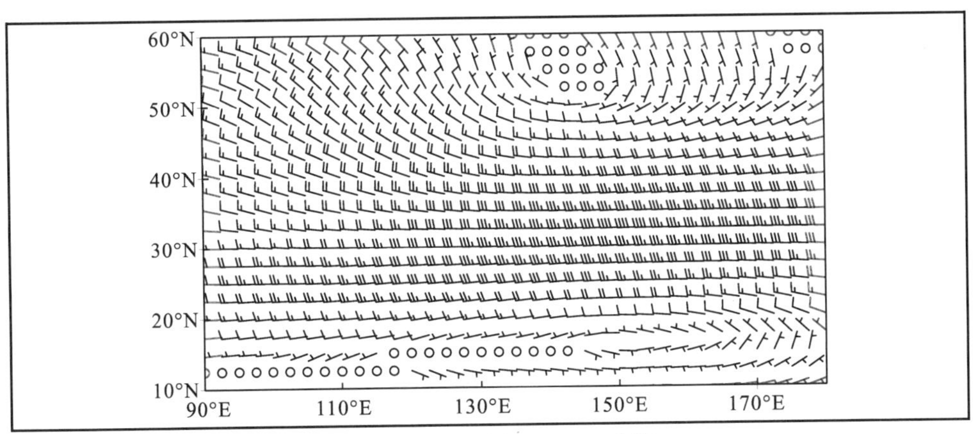

例 6-11 选用 NCEP 再分析资料绘制 500hPa 流场。

```
#-*-coding:utf-8-*-
......
    fig1=ax1.streamplot(lons,lats,ua,va,cmap=cmap,linewidth=2,density=
2,color=mag)
......
```

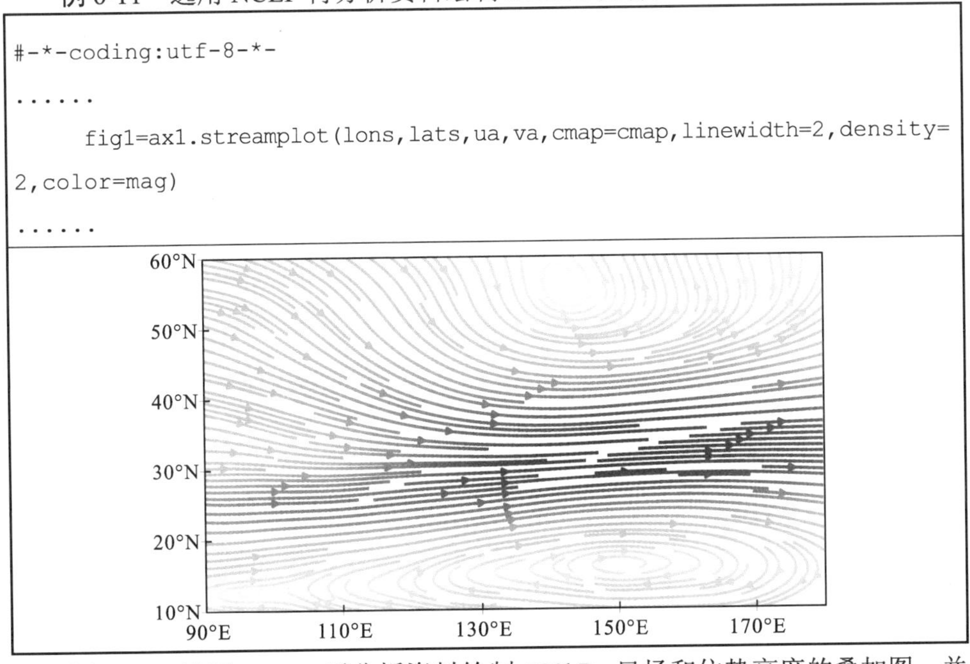

例 6-12 选用 NCEP 再分析资料绘制 500hPa 风场和位势高度的叠加图，并添加河流分布。

```
#-*-coding:utf-8-*-
import numpy as np
import matplotlib.pyplot as plt
import cartopy.feature as cfeature
import cartopy.crs as ccrs
from netCDF4 import Dataset
from cartopy.mpl.ticker import LongitudeFormatter,Latitude Formatter
```

```
fu=Dataset('d:/uwnd.mon.ltm.nc')
fv=Dataset('d:/vwnd.mon.ltm.nc')
fz=Dataset('d:/hgt.mon.ltm.nc')

ua=fu.variables['uwnd'][0,5,:,:]
va=fv.variables['vwnd'][0,5,:,:]
za=fz.variables['hgt'][0,5,:,:]
lats=fu.variables['lat'][:]
lons=fv.variables['lon'][:]
mag=(ua**2+va**2)**0.5

def main():
    fig=plt.figure(figsize=(8,10))
    ax1=fig.add_subplot(211,projection=ccrs.PlateCarree())
    ax1.add_feature(cfeature.RIVERS.with_scale('50m'))
    ax1.set_extent([90,180,10,60],crs=ccrs.PlateCarree())
    ax1.coastlines('50m')
    CS2=ax1.contourf(lons,lats,mag)
    fig1=ax1.quiver(lons,lats,ua,va,color='w',width=0.001,headwidth=
5,headaxislength=8,headlength=5,scale=400)
    fig2=ax1.contour(lons,lats,za,20,linewidths=1.2,colors='k')
    plt.clabel(fig2,inline=5,fontsize=10,colors='k')
    ax1.set_xticks(np.arange(90,181,20),crs=ccrs.PlateCarree())
    ax1.set_yticks(np.arange(10,61,10),crs=ccrs.PlateCarree())
    lon_formatter=LongitudeFormatter()
    lat_formatter=LatitudeFormatter()
    ax1.xaxis.set_major_formatter(lon_formatter)
    ax1.yaxis.set_major_formatter(lat_formatter)
    plt.colorbar(CS2,label='m/s')
    plt.show()
    fig.savefig('hgt+winds.ps')
if__name__=='__main__':
   main()
```

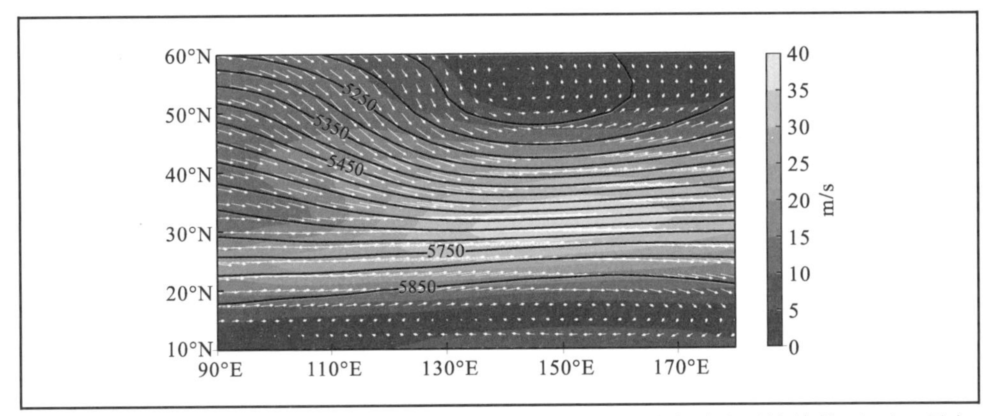

例 6-13 选用 NCEP 再分析资料绘制 925hPa 位势高度场(等值线显示，叠加青藏高原地形)。

```
import numpy as np
import matplotlib.pyplot as plt
import cartopy.feature as cfeature
import cartopy.crs as ccrs
from netCDF4 import Dataset
from cartopy.mpl.ticker import LongitudeFormatter,Latitude Formatter



fz=Dataset('d:/hgt.mon.ltm.nc')
za=fz.variables['hgt'][0,1,:,:]
lats=fz.variables['lat'][:]
lons=fz.variables['lon'][:]
deg_data=Dataset('d:/elev.0.25-deg.nc','r')
data=deg_data.variables['data'][0,:,:]
data=np.ma.masked_values(data,32767)
lon=deg_data.variables['lon'][:]
lat=deg_data.variables['lat'][:]
lon,lat=np.meshgrid(lon,lat)

fig=plt.figure(figsize=(8,10))

ax1=fig.add_subplot(211,projection=ccrs.PlateCarree())
ax1.add_feature(cfeature.RIVERS.with_scale('50m'))
```

```
ax1.set_extent([60,140,10,60],crs=ccrs.PlateCarree())
ax1.coastlines('50m')
fig2=ax1.contour(lons,lats,za,20,linewidths=1.2,colors='k'),zorder=1
)
plt.clabel(fig2,fontsize=12,colors='k'),zorder=1)
levels=np.linspace(3000,np.max(data),50)
fig2=ax1.contourf(lon,lat, data,levels=levels),zorder=2)
plt.colorbar(fig2,ticks=np.linspace(3000,np.max(data),10),label= 'm')
ax1.set_xticks(np.arange(60,141,20),crs=ccrs.PlateCarree())
ax1.set_yticks(np.arange(10,61,10),crs=ccrs.PlateCarree())
lon_formatter=LongitudeFormatter()
lat_formatter=LatitudeFormatter()
ax1.xaxis.set_major_formatter(lon_formatter)
ax1.yaxis.set_major_formatter(lat_formatter)


plt.show()
fig.savefig('hgt+TP.png', bbox_inches='tight',dpi=600)
```

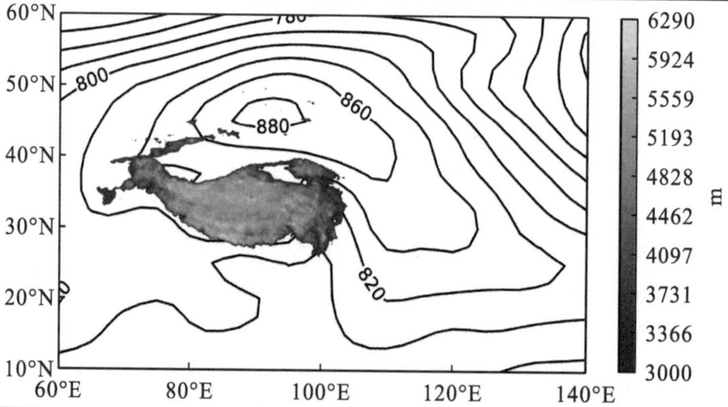

例 6-14 选用 NCEP 再分析资料，绘制 40°N～60°N 平均的经向风的纬向-时间演变图。

```
import cartopy.crs as ccrs
import cartopy.feature as cfeature
import matplotlib.gridspec as gridspec
import matplotlib.pyplot as plt
```

```
import metpy.calc as mpcalc
import numpy as np
import xarray as xr
start_time='2019-06-20'
end_time='2019-07-06'
param='vwnd'
level=250
ds=xr.open_d('vwnd.2019.nc')
time_slice=slice(start_time,end_time)
lat_slice=slice(60,40)
lon_slice=slice(0,360)
data=ds[param].sel(time=time_slice,
                   level=level,
                   lat=lat_slice,
                   lon=lon_slice)
weights=np.cos(np.deg2rad(data.lat.values))
avg_data=(data*weights[None,:,None]).sum(dim='lat')/np.sum(weights)
vtimes=data.time.values.astype('datetime64[ms]').astype('O')
lons=data.lon.values

fig=plt.figure(figsize=(8,11))
gs=gridspec.GridSpec(nrows=2,ncols=1,height_ratios=[1,6],hspace=0.0
3)
x_tick_labels=[u'0\N{DEGREE SIGN}E', u'90\N{DEGREE SIGN}E',
               u'180\N{DEGREE SIGN}E',u'90\N{DEGREE SIGN}W',
               u'0\N{DEGREE SIGN}E']
ax1=fig.add_subplot(gs[0,0],projection=ccrs.PlateCarree(central_lon
gitude=180))
ax1.set_extent([0,357.5,35,45],ccrs.PlateCarree(central_longitude=1
80))
ax1.set_yticks([40,60])
ax1.set_yticklabels([u'40\N{DEGREE SIGN}N',u'60\N{DEGREESIGN}N'])
ax1.set_xticks([-180,-90,0,90,180])
ax1.set_xticklabels(x_tick_labels)
```

```
ax1.grid(linestyle='dotted',linewidth=2)
ax1.add_feature(cfeature.COASTLINE.with_scale('50m'))
ax1.add_feature(cfeature.LAKES.with_scale('50m'),color='black',line
widths=0.5)
plt.title('Hovmoller Diagram',loc='left')
plt.title('NCEP/NCAR Reanalysis',loc='right')
ax2=fig.add_subplot(gs[1,0])
ax2.invert_yaxis()      #Reverse the time order to do oldest first

#Plot of chosen variable averaged over latitude and slightly smoothed
clevs=np.arange(-50,51,5)
cf=ax2.contourf(lons,vtimes,mpcalc.smooth_n_point(
   avg_data,9,2),clevs,cmap=plt.cm.bwr,extend='both')
cs=ax2.contour(lons,vtimes,mpcalc.smooth_n_point(
   avg_data,9,2),clevs,colors='k',linewidths=1)
cbar=plt.colorbar(cf,orientation='horizontal',pad=0.04,aspect=50,ex
tendrect=True)
cbar.set_label('m/s')
ax2.set_xticks([0,90,180,270,357.5])
ax2.set_xticklabels(x_tick_labels)
ax2.set_yticks(vtimes[1::2])
ax2.set_yticklabels(vtimes[1::2])
plt.title('250-hPa V-wind',loc='left',fontsize=10)
plt.title('Time Range:{0:%Y%m%d %HZ}-{1:%Y%m%d %HZ}'.format
         (vtimes[0],vtimes[-1]),loc='right',fontsize=10)
plt.show()
fig.savefig('hgt.png',bbox_inches='tight',dpi=600)
```

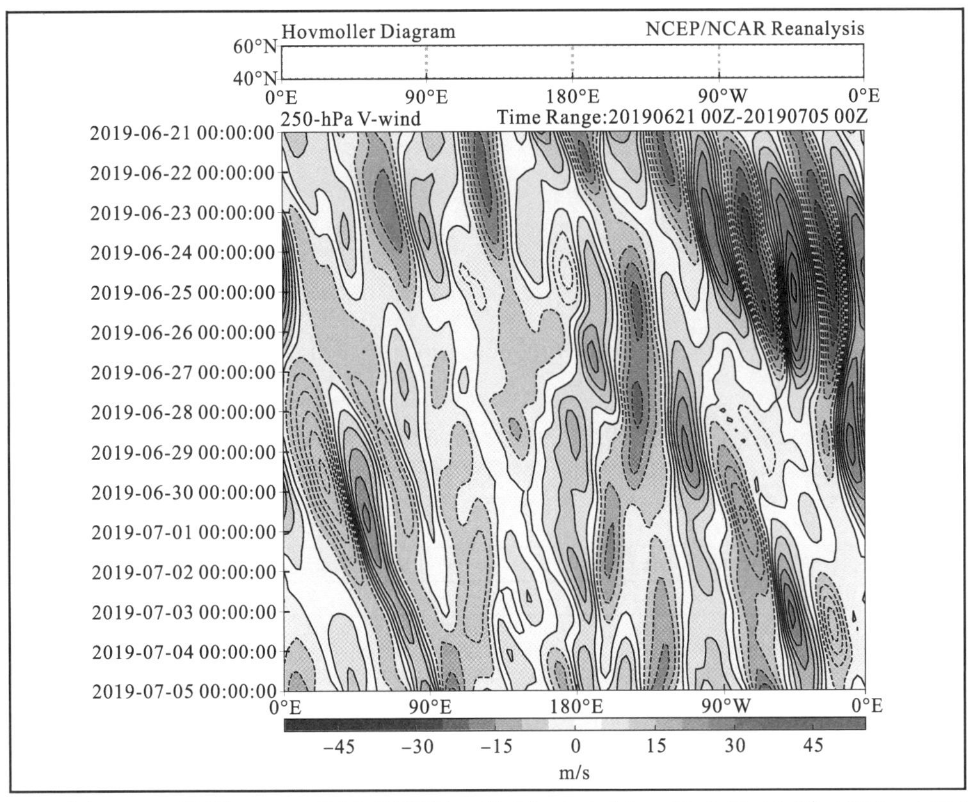

例 6-15 选用 NCEP 再分析资料，绘制 2019 年 7 月 6 日 12 时 40ºN～60ºN 平均经向风的纬向-高度演变图。

```
......
#Create time slice from dates#
end_time='2019-07-06T12'


param='vwnd'
#Remote get dataset using OPeNDAP method via xarray#
ds=xr.open_dataset('d:/ncep.reanalysis/pressure/{}.{}.nc'.format(pa
ram, end_time[:4]))


#Create slice variables subset domain#
lat_slice=slice(60,40)
lon_slice=slice(0,360)
lev_slice=slice(1000,10)
......
```

```
......
#Bottom plot for Hovmoller diagram#
ax2=fig.add_subplot(gs[1,0])
ax2.set_yscale('log')
ax2.set_ylim([1000,10])
......

ax2.set_yticks([1000,925,850,700,600,500,400,300,250,200,150,100,70,5
0,30,20,10])
ax2.set_yticklabels([1000,925,850,700,600,500,400,300,250,200,150,10
0,70,50,30,20,10])
......
```

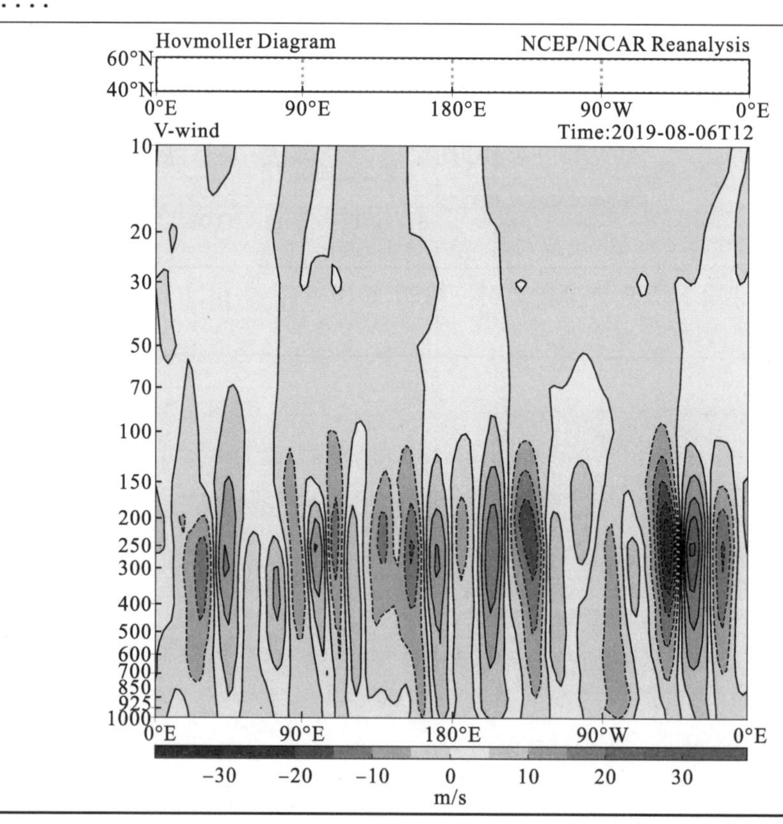

6.4　图像的处理

在计算机的处理过程中，图像一般是采用 RGB 色彩模式表示的。RGB 色彩模式是指图像中的每一个像素点的颜色由红(R)、绿(G)、蓝(B)组成，三个颜色的取值范围均为 0～255，通过三个颜色通道的变化和叠加(256**3)可得到各种颜色，RGB 形成的颜色包括了人类视力所能感知的所有颜色。

Python 提供了一个强大的图像处理功能的第三方模块：Python Image Library(PIL)，命令行安装：pip install pillow，通过 from PIL import image，来引入 PIL 库中一个名字为 Image 的基础图像的类(对象)，一个 Image 对象就代表了一个图像。在计算机中，图像就是一个由像素组成的二维矩阵，每个像素是一个 RGB 值。这样图像的表示就变得很简单，即用 NumPy 三维数组(分别为图像的高度、宽度和像素 RGB 值)来表示即可。

例 6-16　图片处理举例。

```
#-*-coding:utf-8-*-
from PIL import Image
import numpy as np
img=np.array(Image.open("E:\python\sample\test.jpg"))
print(img.shape,img.dtype)
img2=[255,255,255]-img
imgout=Image.fromarray(img2.astype('uint8'))
imgout.save("E:\python\sample\test2.jpg")

img=np.array(Image.open("E:\python\sample\test.jpg").convert('L'))
imgout=Image.fromarray(img.astype('uint8'))
imgout.save("E:\python\sample\test2-1.jpg")
```

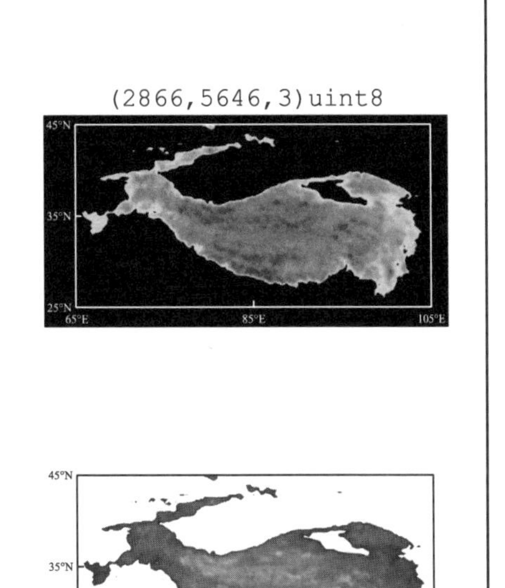

```
img2=255-img
imgout=Image.fromarray(img2.astyp
e('uint8'))
imgout.save("E:\python\sample\tes
t3.jpg")

img2=(100/255)*img+150    #区间变换
imgout=Image.fromarray(img2.astyp
e('uint8'))
imgout.save("E:\python\sample\tes
t4.jpg")
img=np.array(Image.open("E:\pytho
n\sample\test.jpg").
convert('L')).astype('float')
depth=10.          #(0-100)
#取图像灰度的梯度以及横纵坐标轴梯度值
grad=np.gradient(img)
grad_x,grad_y=grad
grad_x=grad_x*depth/100.
grad_y=grad_y*depth/100.
A=np.sqrt(grad_x**2+grad_y**2+1.)
uni_x=grad_x/A
uni_y=grad_y/A
uni_z=1./A
#光源的俯视角度，弧度值
vec_el=np.pi/2.2
#光源的方位角度，弧度值
vec_az=np.pi/4.
#光源对 x 轴的影响
dx=np.cos(vec_el)*np.cos(vec_az)
#光源对 y 轴的影响
dy=np.cos(vec_el)*np.sin(vec_az)
#光源对 z 轴的影响
dz=np.sin(vec_el)
```

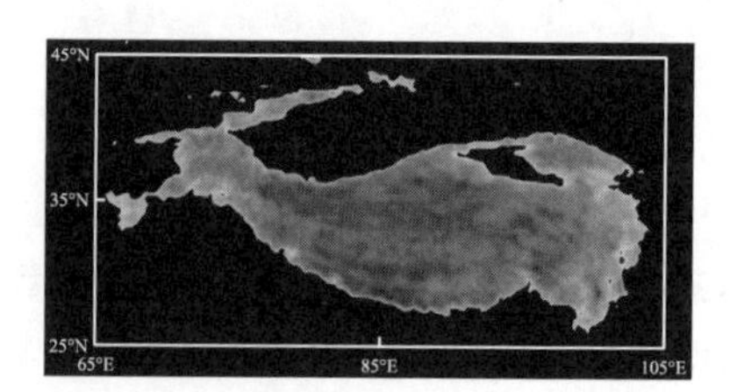

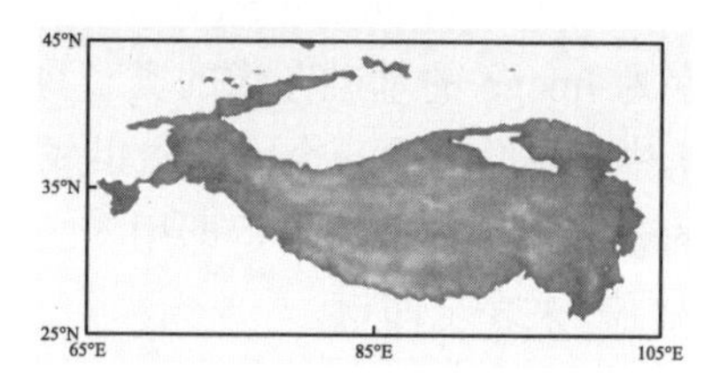

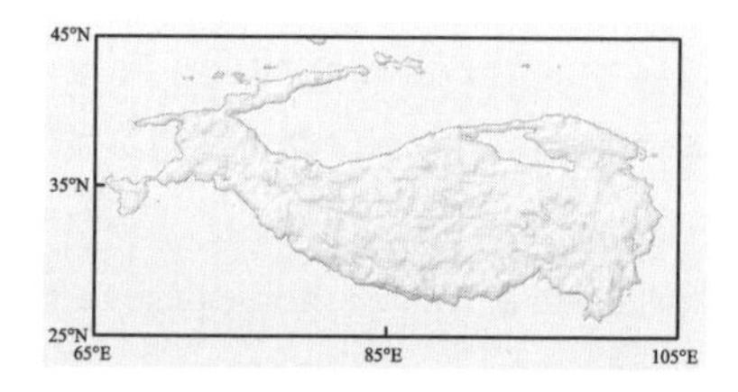

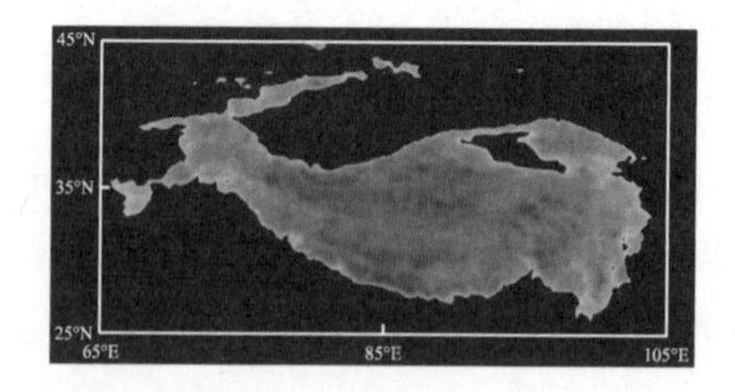

```
#光源归一化
img2=255*(dx*uni_x+dy*uni_y+dz*uni_z)
img3=img2.clip(0,255)
imgout=Image.fromarray(img3.astype('uint8'))  #重构图像
imgout.save("E:\python\sample\test5.jpg")
img2=255-img
imgout=Image.fromarray(img2.astype('uint8'))
imgout.save("E:\python\sample\test6.jpg")
```

通过 NumPy、Matplotlib、SciPy、PIL 的连用，可以实现对图像的很多操作，如图像缩放、裁剪、旋转、颜色转换、图像平均、主成分分析、模糊处理、去噪(ROF)等。有兴趣的用户可进行相关的拓展学习。

Python 还常用来下载气象数据、网络爬虫及信息提取等。最近几年 Python 在大气中的应用已经得到很好的推广，每年 AMS 年会也都有专门的 talk 介绍相关的内容。

气象和海洋领域的用户对 Fortran、GrADS、NCL 等都较为熟悉。Python 可以通过 f2py 将 Fortran 函数编译成可以直接调用的函数文件；还可以通过 pygrads 包将 Python 和 GrADS 结合在一起使用。此外，使用 PyNCL 和 PyNIO 可以将 Python 和 NCL 结合应用，还有与 MatLAD、IDL、MeteoInfo 等的结合应用。

每种语言都有其自身的优点和缺点，在不耽误工作的情况下，多学一种语言有益而无害，尤其是当前比较热门又很有发展前景的语言。

6.5 习 题

1. 下载 ECWMF 提供的 ERA_Interim 逐月 1.5°×1.5° 分辨率的再分析资料，绘制东亚地区 1981～2010 年共 30 年，1 月和 7 月的平均 500hPa 各要素的空间分布图(包括位势高度、气温、纬向风场、经向风场等)。

2. 访问国家气候中心网站，下载其提供的全国 160 站的月平均降水数据，绘制 1979 年至今成都站的夏季平均降水演变序列。

3. 访问国家气候中心网站，下载其提供的全国 160 站的月平均气温数据，绘制 1981～2010 年近 30 年 1 月和 7 月的全国平均气温分布图。

4. 访问国家气候中心网站，下载其提供的环流指数，分析 1979 年至今夏半年(4 月～9 月)西太平副热带高压各个指数的变化规律。

5. 读取 pres.sfc.mon.mean.nc 数据，进行 EOF 分析并采用子图方式展现结果。

附录一　Python 内置函数

内置函数	描述
abs(x)	返回一个数的绝对值。实参可以是整数或浮点数。如果实参是一个复数，返回它的模
all(iterable)	如果 iterable 的所有元素为真(或迭代器为空)，返回 True
any(iterable)	如果 iterable 的任一元素为真则返回 True；如果迭代器为空，返回 False
ascii(object)	返回一个对象可打印的字符串
bin(x)	将一个整数转变为一个前缀为“0b”的二进制字符串
bool([x])	返回一个布尔值，True 或者 False。在 3.7 版更改：*x* 现在只能作为位置参数
breakpoint(*args, **kws)	设置并调用 hook 函数，hook 函数参考 sys.breakpointhook
bytearray([source[,encoding[,errors]]])	返回一个新的 bytes 数组。bytearray 类是一个可变序列，包含范围为 $0 \leqslant x < 256$ 的整数
bytes([source[, encoding[, errors]]])	返回一个新的“bytes”对象，它是一个不可变序列，包含范围为 $0 \leqslant x < 256$ 的整数
callable(object)	如果实参 object 是可调用的，返回 True，否则返回 False
chr(i)	返回 Unicode 码位为整数 *i* 的字符的字符串格式
classmethod	把一个方法封装成类方法
compile(source, filename, mode, flags=0, dont_inherit=False, optimize=-1)	将 source 编译成代码或 AST 对象。代码对象可以被 exec() 或 eval() 执行。source 可以是常规的字符串、字节字符串或者 AST 对象
complex([real[, imag]])	返回值为 real + imag*1j 的复数，或将字符串或数字转换为复数
delattr(object, name)	实参是一个对象和一个字符串。该字符串必须是对象的某个属性。如果对象允许，该函数将删除指定的属性
dict()	创建一个新的字典
dir([object])	如果没有实参，则返回当前本地作用域中的名称列表；如果有实参，它会尝试返回该对象的有效属性列表
divmod(a, b)	它将两个(非复数)数字作为实参，并在执行整数除法时返回一对商和余数
enumerate(iterable, start=0)	返回一个枚举对象。iterable 必须是一个序列或 iterator，或其他支持迭代的对象
eval(expression)	expression 参数会作为一个 Python 表达式被解析并求值
exec(object[, globals[, locals]])	这个函数支持动态执行 Python 代码。object 必须是字符串或者代码对象。如果是字符串，那么该字符串将被解析为一系列 Python 语句并执行(除非发生语法错误)。1 如果是代码对象，它将被直接执行

续表

内置函数	描述
filter(function, iterable)	用 iterable 中函数 function 返回真的那些元素，构建一个新的迭代器
float([x])	返回从数字或字符串 *x* 生成的浮点数
format(value[, format_spec])	将 value 转换为 format_spec 控制的“格式化”表示
frozenset([iterable])	返回一个新的 frozenset 对象，它包含可选参数 iterable 中的元素
getattr(object, name[, default])	返回对象命名属性的值。name 必须是字符串。如果该字符串是对象的属性之一，则返回该属性的值
globals()	返回表示当前全局符号表的字典。这总是当前模块的字典(在函数或方法中，不是调用它的模块，而是定义它的模块)
hasattr(object, name)	该实参是一个对象和一个字符串。如果字符串是对象的属性之一的名称，则返回 True，否则返回 False
hash(object)	返回该对象的哈希值(如果它有的话)。哈希值是整数。它们在字典查找元素时用来快速比较字典的键。相同大小的数字变量有相同的哈希值(即使它们类型不同，如 1 和 1.0)
help([object])	启动内置的帮助系统(此函数主要在交互式中使用)。如果没有实参，解释器控制台里会启动交互式帮助系统
hex(x)	将整数转换为以“0x”为前缀的小写十六进制字符串
id(object)	返回对象的“标识值”。该值是一个整数，在此对象的生命周期中保证其是唯一且恒定的
input([prompt])	如果存在 prompt 实参，则将其写入标准输出，末尾不带换行符。接下来，该函数从输入中读取一行，将其转换为字符串(除了末尾的换行符)并返回。当读取到 EOF 时，则触发 EOF Error
int([x])	返回一个使用数字或字符串 *x* 生成的整数对象，或者没有实参的时候返回 0
isinstance(object, classinfo)	如果 object 实参是 classinfo 实参的实例，或者是(直接、间接或虚拟)子类的实例，则返回 True；如果 object 不是给定类型的对象，函数始终返回 False；如果 classinfo 是对象类型(或多个递归元组)的元组，object 是其中的任何一个的实例则返回 True；如果 classinfo 既不是类型，也不是类型元组或类型的递归元组，那么会触发 TypeError 异常
issubclass(class, classinfo)	如果 class 是 classinfo 的子类(直接、间接或虚拟的)，则返回 True。classinfo 可以是类对象的元组，此时 classinfo 中的每个元素都会被检查
iter(object[, sentinel])	返回一个 iterator 对象
len(s)	返回对象的长度(元素个数)
list([iterable])	详情请参阅列表和序列类型
locals()	更新并返回表示当前本地符号表的字典
map(function, iterable, ...)	返回一个将 function 应用于 iterable 中每一项并输出其结果的迭代器
max(arg1, arg2, *args[, key])	返回可迭代对象中最大的元素，或者返回两个及以上实参中最大的
memoryview(obj)	返回由给定实参创建的“内存视图”对象
min(arg1, arg2, *args[, key])	返回可迭代对象中最小的元素，或者返回两个及以上实参中最小的
next(iterator[,default])	获取下一个元素。如果迭代器耗尽，则返回给定的 default
object()	返回一个没有特征的新对象

续表

内置函数	描述
oct(x)	将一个整数转变为一个前缀为“0o”的八进制字符串
open()	详情参考 5.1.1
ord(c)	对表示单个 Unicode 字符的字符串，返回代表它 Unicode 码点的整数
pow(x, y[, z])	返回 x 的 y 次幂；如果 z 存在，则对 z 取余
print()	详情参考 2.4.2
property(fget=None,fset=None,fdel=None, doc=None)	返回 property 属性。fget 是获取属性值的函数；Fset 为用于设置属性值的函数；Fdel 为用于删除属性值的函数；doc 为属性对象创建文档字符串
range(start, stop[, step])	虽然被称为函数，但 range 实际上是一个不可变的序列类型，参见 range 对象与序列类型
repr(object)	返回包含一个对象的可打印表示形式的字符串
reversed(seq)	返回一个反向的 iterator
round(number[, ndigits])	返回 number 舍入到小数点后 ndigits 位精度的值，如果 ndigits 被省略或为 None，则返回最接近输入值的整数
set([iterable])	返回一个新的 set 类型对象，可以选择带有从 iterable 获取的元素
setattr(object, name, value)	其参数为一个对象、一个字符串和一个任意值。字符串指定一个现有属性或者新增属性。只要对象允许这种操作，函数会将值赋给该属性
lice(start, stop[, step])	返回一个表示由 range(start、stop、step) 所指定索引集的 slice 对象
sorted(iterable, *, key=None, reverse=False)	根据 iterable 中的项返回一个新的已排序列表
Staticmethod	将方法转换为静态方法
str(object=b'', encoding='utf-8', errors='strict')	返回一个 str 版本的 object
sum(iterable[, start])	从 start 开始自左向右对 iterable 中的项求和并返回总计值
super([type[, object-or-type]])	返回一个代理对象，它会将方法调用委托给 type 指定的父类或兄弟类。这对于访问已在类中被重载的继承方法很有用
tuple([iterable])	虽然被称为函数，但 tuple 实际上是一个不可变的序列类型。参见元组与序列类型
type(object)	传入一个参数，返回 object 的类型
vars([object])	返回对象的属性
zip(*iterables)	创建一个聚合了来自每个可迭代对象中的元素的迭代器
__import__(name,globals=None,locals=None,fromlist=(),level=0)	此函数由 import 语句发起调用。它可以被替换(通过导入 builtins 模块并赋值给 builtins.__import__)以便修改 import 语句的语义，但是强烈不建议这样做，同样也不建议直接使用__import__()，而应该用 importlib.import_module()

附录二　常用文件的读取函数

这里仅列出气象常用数据文件类型可选用的读取函数，读取方法不绝对，具体使用方法可参考官网或本书前面的例子。

读取函数	描述
numpy.loadtex (file,delimiter,dtype)	读取 txt 文件，delimiter 分隔符，dtype 读取格式
numpy.memmap (filename,dtype='float32',mode='r',shape =(3,4))	读取二进制 (如 datgrd) 文件，dtype 为读取格式，mode 为读取模式，shape 为形状
numpy.load (file)	load () 函数读取处理 NumPy 二进制文件 (npy 扩展名)
netCDF4.Dataset (file)	读取 nc 文件，…文件路径和名称，最好用双反斜杠\\隔开
csv.reader (file)	读取 csv 文件，…文件路径和名称，最好用双反斜杠\\隔开
pandas.read_table (file,sep='\t',header='infer')	读取以'/t'分割的文件。Header 默认自动辨认文件头，设置为 None 则无文件头,为 1 则第一行是文件头
pandas.read_csv (file,sep=',',header='infer',names=None)	读取以'，'分割的文件。sep 可改，事实上与 read_table 通用

附录三　气象常用数据处理函数

NumPy 提供较基础的数学函数库。

数学函数库	描述
np.array([……])	生成指定元素的 ndarray 数组
np.arange(n)	生成元素 0～*n*-1 的 ndarray 数组，或给定起始值、结束值和步长的 nadarry 数组
np.ones(shape)	生成数组元素均为 1 的 shape 型数组
np.zeros(shape)	生成数组元素均为 0 的 shape 型数组
np.ones_like(a)	按数组 *a* 的形状生成全 1 的数组
np.linspace(a,b,n)	返回一个在(*a*,*b*)范围内均匀分布的数组，元素个数为 *n* 个
np.mean(a)	对数组 *a* 计算算术平均值
np.average(a,weights=v)	对数组 *a* 以权重 *V* 进行加权平均
np.max(a)	数组 *a* 最大值
np.min(a)	数组 *a* 最小值
np.middle(a)	数组 *a* 的中位数
np.var(a)	对数组 *a* 求方差
np.std(a)	对数组 *a* 求标准差
np.prod(a)	求数组 *a* 所有元素的乘积
np.cumprod(a)	对数组 *a* 所有元素的累积乘积
np.cov(a,b)	求数组 *a* 和数组 *b* 的协方差
np.corrcoef(a,b)	求数组 *a* 和数组 *b* 的相关系数

SciPy 是一个用于数学、科学、工程领域的常用软件包，可以处理插值、积分、优化、图像处理、常微分方程数值解的求解、信号处理等问题。它用于有效计算 NumPy 矩阵，可使 NumPy 和 SciPy 协同工作，高效地解决问题。

常用函数	描述
.optimize.cuirve_fit(func,x,y)	拟合，基于卡方的方法进行线性回归分析
.optimize.fsolve(func,x0)	求解非线性方程
.interpolate.interp1d(x,y,kind='linear')	一维插值，kind 可选：nearest：最邻近插值；zero：阶梯插值；slinear、linear：线性插值；quadratic、cubic：2、3 阶 B 样条曲线插值
.interpolate.griddata(points,values,xi,method='linear')	多维插值，points 是一个二维或三维的数组，x_i 为需要进行插值的坐标，method 参数有三个选项：'nearest'、'linear'、'cubic'，分别对应 0 阶、1 阶及 3 阶插值
.interpolate.Rbf(lon,lat,value,function='linear')	数据可无序不均匀的二维插值，气象上常用于站点数据插值成格点数据。Function 一般取 linear,其他选项可查询 SciPy 官网
.integrate.quad(func,a,b)	求积分的解析解
.integrate.trapz(y)	求积分的数值解
.stats.ttest_1samp(data,pmean)	单样本 t 检验，pmean 为期望值，返回 t 值和 p 值
.stats.ttest_ind(data1,data2)	两独立样本 T 检验，返回 t 值和 p 值
.stats.ttest_rel(data1,data2)	配对样本 T 检验，返回 t 值和 p 值

Metpy 是以气象为重点的包含绘图、数据计算、读取常见的气象文件、网格和插值、颜色表操作等功能的软件包。此处只列举.calc 中较常用气象计算函数。

常用函数	描述
cape_cin(pressure,temperature,dewpt,…)	计算 CAPE 和 CIN 值
convergence_vorticity(u,v,dx,dy[,dim_order])	计算水平风的水平散度和垂直涡度
coriolis_parameter(latitude)	计算每个格点的科里奥利参数
dewpoint(P)	根据蒸汽压力计算环境露点温度
dewpoint_rh(temperature,rh)	根据空气温度和相对湿度计算环境露点温度
divergence(u,v,dx,dy)	计算水平风的水平散度
dry_lapse(pressure,temperature)	计算干绝热下给定压强上的温度
equivalent_potential_temperature(pressure,…)	计算等效位温
first_derivative(f,**kwargs)	计算格点上的一阶导数
geopotential_to_height(geopot)	由位势高度计算几何高度
geostrophic_wind(heights,f,dx,dy)	计算从高度或位势给定的地转风
get_perturbation(ts[,axis])	根据时间序列的均值计算扰动
get_wind_components(speed,wdir)	由风速和方向计算 u、v 风矢量
get_wind_dir(u,v)	计算 u 和 v 分量的风向
get_wind_speed(u,v)	计算 u 和 v 分量的风速
heat_index(temperature,rh[,mask_undefined])	根据当前温度和相对湿度计算热指数
height_to_geopotential(height)	计算给定高度的位势高度

续表

常用函数	描述
height_to_pressure_std(height)	高度数据转换为压力
terp(x,xp,*args,**kwargs)	以指定轴上的任何形状插值数据
interpolate_nans(x,y[,kind])	在 y 中插入 NaN 值
entropic_interpolation(theta_levels,...)	将等压坐标中的数据插值到等熵坐标
kinematic_flux(vel,b[,perturbation,axis])	计算两个时间序列的通量
laplacian(f,**kwargs)	计算网格点上的拉普拉斯算子
lat_lon_grid_spacing(longitude,latitude,...)	计算经纬度格式网格点之间的距离
lcl(pressure,temperature,dewpt[,...])	计算抬升凝结高度 LCL
lfc(pressure,temperature,dewpt)	计算自由对流高度 LFC
log_interp(x,xp,*args,**kwargs)	在指定轴上插值对数 x 尺度的数据
mean_pressure_weighted(pressure,*args,**kwargs)	通过图层计算任意变量的压力加权平均值
mixing_ratio(part_press,tot_press[,...])	计算气体的混合比
mixing_ratio_from_relative_humidity(...)	根据相对湿度、温度和压力计算混合比
psychrometric_vapor_pressure_wet(...[,...])	用湿球和干球温度计算蒸汽压力
relative_humidity_from_dewpoint(temperature,...)	计算相对湿度
relative_humidity_from_mixing_ratio(...)	根据混合比、温度和压力计算相对湿度
relative_humidity_from_specific_humidity(...)	根据特定的湿度、温度和压力计算相对湿度
relative_humidity_wet_psychrometric(...)	用湿球和干球温度计算相对湿度
second_derivative(f,**kwargs)	计算网格上的二阶导数
shearing_deformation(u,v,dx,dy)	计算水平风切变
sigma_to_pressure(sigma,psfc,ptop)	根据 sigma 值计算压力
tke(u,v,w[,perturbation,axis])	计算湍流动能
total_deformation(u,v,dx,dy)	计算水平风的水平总变形
v_vorticity(u,v,dx,dy[,dim_order])	计算水平风的垂直涡度
vapor_pressure(pressure,mixing)	计算水汽压力
virtual_temperature(temperature,mixing[,...])	计算虚温

附录四　气象常用的绘图函数

Matplotlib.pyplot——Python 图形可视化的常用函数。

常用函数	描述
acorr(x)	绘制 x 的自相关
annotate(*args,**kwargs)	创建一个文本注释：从指定点指向目标点
arrow(x,y,dx,dy,**kwargs)	绘制指定的箭头从(x，y)指向(x+y+dx，dy)
autoscale(enable=True,axis='both')	自动缩放轴视图的数据
autumn()	对 autumn()函数设置默认的 colormap，并应用于当前图像
axes(*args,**kwargs)	对 figure 增加一个 axes
axhline(y=0,xmin=0,xmax=1,**kwargs)	添加一条穿越 axis 的水平线
axhspan(ymin,ymax,xmin=0,xmax=1,**kwargs)	添加一条穿越 axis 的水平矩形
axis(*v,**kwargs)	获取或设置轴属性。可输入范围或'off'关闭轴线及其标签；'equal'使 x、y 轴长度一致；'scaled'调整图框尺寸；'tight'改变 x 和 y 轴限制，使所有数据被展示；'image'缩放 axis 范围
axvline(x=0,ymin=0,ymax=1,**kwargs)	绘制一条从 y_{min}～y_{max} 的水平线
bar(left,height,width=0.8,bottom=None,hold=None,**kwargs)	绘制条形图
barbs(*args,**kw)	绘制二维风向杆
barh(bottom,width,height=0.8,**kwargs)	绘制横条形图
box(on=None)	设置 axes 边框是否打开，'on'或'off'
broken_barh(xranges,yrange,**kwargs)	绘制水平方框
cla()	清除当前 axes(图轴)
clabel(CS,*args,**kwargs)	为等值线图添加标签
clim(vmin=None,vmax=None)	设置当前 image 的色彩取值范围
close(*args)	关闭 figure 窗口
cohere()	绘制 x 与 y 之间的相关性
colorbar(mappable,ax=ax,**kwargs)	对一张 plot 添加一个 colorbar
colors()	设置通用颜色或指定颜色，可输入颜色名称或 R、G、B 元组
contour(*args,**kwargs)	绘制等值线
contourf(*args, **kwargs)	与 contour()类似，常将参数选择为 lat、lon 用于绘制气象方面等值线图

续表

常用函数	描述
csd()	绘制交叉谱密度
delaxes(*args)	删除当前 figure 的 axes
errorbar()	绘制误差值图表
figtext(*args,**kwargs)	为 figure 添加 text
figure(num,figsize,dpi,facecolor,edgecolor)	创建一个新 figure
fill(x1,y1,'g',x2,y2,'r')	绘制填充图，填充 x 轴和曲线 y 之间的区域
fill_between(x,y1,y2=0,where=None,**kwargs)	绘制填充图，填充 x 区间内不同曲线之间的区域
fill_betweenx(y,x1,x2=0,where=None,**kwargs)	绘制填充图，填充 y 区间内不同 x 的函数曲线之间的区域
hist(x,histtype='bar',orientation,n='vertical',**kwargs)	绘制直方图
hist2d(x,y,bins=10,**kwargs)	绘制二维直方图
hlines(y,xmin,xmax,**kwargs)	从每个 y 区间的 x_{min}～x_{max} 绘制水平线
imread(*args,**kwargs)	读取 image 图像文件，将信息转化为数组
ioff()	关闭绘图交互模式
ion()	打开绘图交互模式
locator_params(axis='both',tight=None,**kwargs)	控制轴刻度标签
loglog(*args,**kwargs)	x、y 轴均为指数刻度
matshow(A,fignum=None,**kw)	将数组以矩阵的形式在 figure 窗口显示
minorticks_off()	关闭轴线次刻度
pause(interval)	暂停指定时间，单位/s
pcolor(*args,**kwargs)	绘制二维数组的伪彩色图
pcolormesh(*args,**kwargs)	绘制一个四边形网格，创建一个二维阵列的伪彩色图
plot(x,y, string,**kwargs)	常用画图函数，详细参数参见 Matplotlib 官网
plot_date(x,y,**kwargs)	绘图添加日期。该函数类似于 plot()函数，除了 x 或 y 为日期，并且轴坐标标签也是日期
polar(*args,**kwargs)	绘制极坐标图
psd(*args,**kwargs)	绘制功率谱密度图
quiver(X,Y,U,V,C,**kw)	绘制二维箭头
quiverkey(Q,X,Y,U,label,**kw)	为 quiver 图像添加注释标签
savefig(*args,**kwargs)	保存当前 figure
scatter(*args,**kwargs)	绘制散点图，其中 $\boldsymbol{X}$ 和 $\boldsymbol{Y}$ 是相同长度的数组序列
semilogx(*args,**kwargs)	使图像 x 轴为对数刻度
semilogy(*args,**kwargs)	使图像 y 轴为对数刻度
set_cmap(cmap)	设置应用于当前 image 的 colormap
show(*args,**kw)	显示 figure
stem(*args,**kwargs)	绘制 stem 图

续表

常用函数	描述
streamplot (x,y,u,v,**kwargs)	绘制流线图
subplot (*args,**kwargs)	在一个图表中绘制多个子图
text (x,y,s,**kwargs)	在 axes 图添加注释
title (s,*args,**kwargs)	设置当前子图的标题
xcorr (x,y,**kwargs)	绘制 x、y 之间的相关性
xlabel (s,*args,**kwargs) /ylabel	设置 x 轴标签
xlim (*args,**kwargs) /ylim	设置当前轴线的取值范围
xscale (*args,**kwargs) /yscale	设置 x 轴的缩放
xticks (*args,**kwargs) /yticks	设置刻度及对应标签
colormaps ()	可通过 image、pcolor、scatter 等函数设置 colormap

这里列出部分常用的可视化函数，仅供参考，Matplotlib 官网提供了大量例子，读者可自行学习。

Cartopy 是为了向 Python 添加地图制图功能开发的拓展库，与 Basemap 类似。此处列出 Cartopy 较常用的函数，具体使用方法可参考 Cartopy 官网的例子。

常用函数	描述
cartopy.feature as cfeature:	常用于绘制地形
cfeature.BORDERS	国家边界
cfeature.COASTLINE	海岸线，包括主要岛屿
cfeature.LAKES	天然和人工湖泊
cfeature.LAND	陆地边界，包括主要岛屿
cfeature.OCEAN	海洋边界
cfeature.RIVERS	河流湖泊
cartopy.crs as ccrs:	设置投影方式
ccrs.PlateCarree	圆柱投影
ccrs.LambertCylindrical	兰伯特投影
ccrs.Mercator	墨卡托投影
ccrs.Miller	米勒投影
ccrs.TransverseMercator	横轴墨卡托投影
ccrs.UTM	通用横轴墨卡托投影
ccrs.RotatedPole	旋转极投影
ccrs.AlbersEqualArea	阿尔伯特等面积投影
ccrs.LambertConformal	兰伯特正形投影

续表

常用函数	描述
ccrs.Orthographic	正射投影
ccrs.NorthPolarStereo	北极极射投影
ccrs.SouthPolarStereo	南极极射投影
ccrs.Robinson	罗宾逊投影
cartopy.io.shapereader.Reader()	读取 shp 文件
cartopy.io.shapereader.Record()	组合 Shp 地形
cartopy.mpl.ticker.LongitudeFormatter/Latitude Formatter	实例化经纬度刻度对象

附录五　参　考　资　源

网　络　资　源

[1] Python 官网：https://www.python.org/
[2] 气象家园：http://bbs.06climate.com/forum.php?mod=forumdisplay&fid=125
[3] GitHub 平台：https://github.com/
[4] 菜鸟教程：https://www.runoob.com/python/python-tutorial.html
[5] NumPy 官网：http://www.numpy.org/https://docs.scipy.org/doc/numpy/reference/
[6] SciPy 官网：https://www.scipy.org/
[7] Matplotlib 官网：https://matplotlib.org
[8] Cartopy 官网示例：https://scitools.org.uk/cartopy/docs/latest/gallery/
[9] PyCINRAD 主页：https://github.com/CyanideCN/PyCINRAD/blob/master/README_zh.md
[10] Unidata Python 图片库：https://unidata.github.io/python-gallery/examples/index.html

参　考　文　献

[1] Clinton W B. Python 数据分析基础. 陈光欣，译. 北京: 人民邮电出版社, 2017: 1-246.
[2] Lin J W. A Hands-On Introduction to Using Python in the Atmospheric and Oceanic Sciences. San Francisco: CC BY-NC-SA, 2012: 1-186.
[3] Lutz M. Python 学习手册(4 版). 李军，刘宏伟，等译. 北京: 机械工业出版社, 2011: 1-1129.
[4] Ivan I. Python 数据分析基础教程: NumPy 学习指南(2 版). 张驭宇，译. 北京: 人民邮电出版社, 2014: 1-226.
[5] Bressert E. SciPy and NumPy. Boston: O'Reilly Media, Inc, 2012: 1-57.